FORSCHUNGSBERICHTE DES LANDES NORDRHEIN-WESTFALEN

Nr. 1997

Herausgegeben im Auftrage des Ministerpräsidenten Heinz Kühn
von Staatssekretär Professor Dr. h. c. Dr. E. h. Leo Brandt

DK 519.25:519.271

Dr.-Ing. Klaus Heinz

Forschungsinstitut für Rationalisierung
an der Rhein.-Westf. Techn. Hochschule Aachen
Direktor: Prof. Dr.-Ing. Rolf Hackstein

Mathematisch-statistische Untersuchungen über die Erlang-Verteilung

Springer Fachmedien Wiesbaden GmbH 1969

ISBN 978-3-663-06379-7 ISBN 978-3-663-07292-8 (eBook)
DOI 10.1007/978-3-663-07292-8

Verlags-Nr. 011997

Ursprünglich erschienen bei Westdeutscher Verlag GmbH, Köln und Opladen 1969
Gesamtherstellung: Westdeutscher Verlag

Inhalt

1. Einleitung

Die Produktions- und Fertigungsplanung stellt für das moderne Unternehmen eine vordringliche Aufgabe dar. Deshalb benötigt der für den Betriebsablauf Verantwortliche Unterlagen über die optimalen Lösungen der organisatorischen und arbeitstechnischen Probleme. Zur Erstellung derartiger Unterlagen werden heute in zunehmendem Maße wissenschaftliche Methoden auf vorzugsweise mathematischer und statistischer Grundlage eingesetzt.

Eine Methode, die in den vergangenen Jahren immer häufiger zur Lösung betrieblicher Optimierungsprobleme herangezogen wurde, ist die Warteschlangentheorie. Man hat erkannt, daß sie im Rahmen der Entscheidungsvorbereitung ein wirkungsvolles Hilfsmittel darstellt. Denn sie ermöglicht die Behandlung von Prozessen, die sich auf Grund ihrer Unregelmäßigkeit einer exakten rechnerischen Erfassung entziehen. In der Praxis war man bisher darauf angewiesen, derartige Probleme durch Intuition oder Probieren anzugehen.

Eine Warteschlangensituation entsteht immer dann, wenn Personen oder Güter – die sogenannten Kunden – von einer oder mehreren Stellen eine (Dienst-)Leistung verlangen und wenn dabei die Zeitpunkte der Kundenankünfte und/oder die Dauer der einzelnen Abfertigungen nicht vorherbestimmbar sind. Das Warten sowohl der Kunden als auch der Bedienungsstellen verursacht Kosten. Daher besteht das Optimierungsproblem darin festzustellen, durch welche Veränderung der vom Betrieb beeinflußbaren Gegebenheiten in dieser Warteschlangensituation die Kosten minimal werden. In vielen Fällen besteht das Optimierungsziel in der Ermittlung der kostenoptimalen Anzahl von Bedienungsstellen.

Aus dem Bereich der industriellen Produktion sind als Beispiele für unregelmäßige Vorgänge, die sich mit Hilfe der Warteschlangentheorie optimieren lassen, anzuführen: die Mehrstellenarbeit, der innerbetriebliche Transport, die Lagerhaltung sowie jedwede Art von Schalterdienst.

Die Verwendung der Warteschlangentheorie als Planungshilfsmittel setzt voraus, daß über die betrieblichen Gegebenheiten bestimmte Aussagen vorliegen. Diese beziehen sich auf die Verteilungsgesetze der Zwischenankunftszeiten und der Bedienungszeiten, auf die maximale Kundenzahl, auf die Abfertigungsregel sowie gegebenenfalls auf das Vorhandensein von Prioritäten, Gruppen, Beschränkungen oder anderen Besonderheiten. Die Festlegung der Funktion der Zeitverteilungen setzt im allgemeinen die Durchführung von Messungen (oder Zählungen) und deren statistische Auswertung voraus. Für die Auswahl eines den tatsächlichen Gegebenheiten entsprechenden Warteschlangenmodells müssen die Verteilungsgesetze der Zwischenankunfts- und Bedienungszeiten bekannt sein.

Die meisten der bisher gelösten Modellansätze gehen von der Voraussetzung aus, daß die Zwischenankunfts- und Bedienungszeiten entsprechend dem statistischen Gesetz der Exponentialverteilung verteilt sind. Bei der Untersuchung von realen Warteschlangensituationen trifft man jedoch sehr häufig Verteilungen an, die sich nicht mit ausreichender statistischer Sicherheit an eine Exponentialverteilung anpassen lassen. Solche Häufigkeitsverteilungen werden insbesondere bei Aufnahmen im industriellen Bereich immer wieder vorgefunden. Die meisten derartigen empirischen Verteilungen weisen eine unimodale und linksschiefe Form auf.

A. K. ERLANG, der als einer der Begründer der Warteschlangentheorie angesehen werden kann, hat sich bereits um die Jahrhundertwende mit einer Funktion, die eine solche Form aufweist und trotzdem zu einfachen Ausgangsgleichungen für die Warteschlangenmodelle führt, eingehend auseinandergesetzt. Sein Verdienst ist es, eine Dichtefunktion gefunden zu haben, die – ähnlich wie die Exponentialverteilung – auf ein System von linearen Differenzen – Differentialgleichungen für die Zustandswahrscheinlichkeiten des Modells führt. Ihm zu Ehren bezeichnet man diese Verteilung heute in der Literatur über Warteschlangentheorie als ERLANG-Verteilung.

In den vergangenen Jahren sind die Warteschlangenmodelle, die auf der ERLANG-Verteilung als dem Verteilungsgesetz der Zwischenankunfts- oder Bedienungszeiten aufbauen, in der Theorie wie auch in der betrieblichen Anwendung vielfach untersucht worden. Die theoretische Behandlung der Modelle ist zwar erschwert, weil der ERLANG-Prozeß keinen MARKOW-Prozeß darstellt, doch wird sie wegen der Bedeutung dieser Verteilung für reale Vorgänge vorangetrieben.

Die Bedeutung der ERLANG-Verteilung beruht hauptsächlich auf Form und Variabilität der Verteilung. Die Form ist insofern bedeutsam, als die Dichtefunktion der ERLANG-Verteilung – vom Sonderfall der Exponentialverteilung abgesehen – im Nullpunkt den Wert Null hat und von dort zum Maximum aufsteigt. Viele empirische Häufigkeitsverteilungen weisen gerade einen solchen, der Exponentialverteilung widersprechenden Verlauf auf. Die Variabilität ist durch die beiden Parameter der ERLANG-Verteilung bedingt, die es erlauben, Verteilungsformen im Bereich von der Exponentialverteilung auf der einen Seite bis zur Einpunktverteilung (Konstanz) auf der anderen zu beschreiben.

Einige Beispiele aus der industriellen Praxis von Häufigkeitsverteilungen, die sich statistisch gesichert an die ERLANG-Verteilung anpassen lassen, seien zur Veranschaulichung angeführt.

LEHMANN ([17], S. 47ff. und 79ff.) hat Untersuchungen über die Zeitverteilungen bei Mehrstellenarbeit in der metallverarbeitenden Industrie und in der Textilindustrie durchgeführt. Die folgende Abbildung (Abb. 1*) zeigt als Beispiel für eine Verteilung der Bedienungszeiten die Häufigkeitsverteilung von 751 Entstörungszeiten an Spezialfräsmaschinen. Die Aufgabe des Arbeiters besteht bei diesem mehrstelligen Arbeitsplatz darin, 16 Maschinen zu überwachen und die anfallenden kleineren Störungen zu beheben.

Die Zeiten für Magazin- und Werkzeugwechsel, die in den Entstörungszeiten nicht enthalten sind, können ebenfalls statistisch gesichert an ERLANG-Verteilungen angepaßt werden. Bei der Untersuchung einer Arbeit an vier Drehautomaten ergab sich, daß sowohl die Häufigkeitsverteilung der Bedienungszeiten bei nicht produzierendem Betriebsmittel als auch die der Bedienungszeiten bei produzierendem Automaten an die ERLANG-Verteilung angepaßt werden konnte. Bei einem mehrstelligen Arbeitsplatz mit Gewindeschneidautomaten fand LEHMANN als Verteilung der Maschinenlaufzeiten eine Mischverteilung, die aus zwei ERLANG-Verteilungen besteht.

Aus dem Bereich der Textilindustrie berichtet LEHMANN von Untersuchungen an mehrstelligen Arbeitsplätzen der Weberei und der Spinnerei, bei denen als Verteilung der Bedienungszeiten stets Mischverteilungen von ERLANG-Verteilungen vorliegen.

Aus dem Bereich des innerbetrieblichen Transportwesens sei ein weiteres Beispiel angeführt (HEINZ [10], S. 93ff.). Die Untersuchung wurde an Elektro- und Dieselkarren durchgeführt, die in einem großen Hüttenwerk zur Erledigung der unregelmäßig, d.h. bedarfsweise anfallenden Transporte eingesetzt waren. Abb. 2 zeigt die empirische und

* Die Abbildungen stehen im Anhang ab Seite 44–48.

die theoretische Verteilung von 125 Transportzeiten. Die Häufigkeitsverteilung läßt sich wiederum statistisch gesichert an eine ERLANG-Verteilung anpassen.
Weiterhin kommt im Bereich der betrieblichen Entscheidungsvorbereitung der ERLANG-Verteilung in der Erneuerungstheorie (renewal theory) große Bedeutung zu (vgl. Cox [3]).

Die ERLANG-Verteilung selbst wird weder in der Literatur über Warteschlangentheorie noch in der über Statistik ausführlich behandelt. Die Verwendung der ERLANG-Verteilung bei warteschlangentheoretischen Untersuchungen, bei der Simulation und dergl. wird in vielen Fällen letztlich dadurch erschwert, daß es keine zusammenhängende Abhandlung über diese Verteilung und keine hinreichend umfassenden Tabellen ihrer Funktionswerte gibt. Ziel dieser Studie ist es daher, die mathematischen und statistischen Grundlagen, Beziehungen und Eigenarten der ERLANG-Verteilung darzustellen, um deren Anwendung im Rahmen der Warteschlangentheorie und allgemein der betrieblichen Entscheidungsvorbereitung zu erleichtern.

2. Herleitung der Dichtefunktion der Erlang-Verteilung

2.1 Herleitung nach der Betrachtungsweise der Warteschlangentheorie

Von den mathematischen Modellen der Warteschlangentheorie führen durchweg nur diejenigen Modelle zu einfachen Beziehungen für die Übergangswahrscheinlichkeiten zwischen den verschiedenen Zuständen des Systems, die auf exponentialverteilten Zwischenankunfts- und Bedienungszeiten basieren.
Bei praktischen Untersuchungen ergeben sich jedoch des öfteren Häufigkeitsverteilungen, die von einer exponentiellen Verteilungsform abweichen. Derartige empirische Verteilungen lassen sich vielfach durch ein Verteilungsgesetz beschreiben, das üblicherweise in der Literatur als ERLANG-Verteilung bezeichnet wird. Die ERLANG-Verteilung braucht nicht auf Grund der Gegebenheiten zwingend als zugehörige theoretische Verteilung vorzuliegen. Sie kann vielmehr bewußt als eine Verteilung verwandt werden, die eine vorliegende Häufigkeitsverteilung hinreichend genau wiedergibt und zugleich die theoretische Behandlung des entsprechenden Warteschlangenmodells vereinfacht. MORSE ([20], S. 39) führt hierzu aus: "This is not to say that the ... facility in question necessarily has the actual structure corresponding to the model which simulates its statistical behaviour; all that is necessary for our analysis is that the model does simulate this behaviour."
Um die ERLANG-Verteilung zu realisieren, wird jede einzelne Zeit als aus mehreren »Phasen« bestehend angenommen. Diese Phasen können in Wirklichkeit vorhanden sein oder als möglich erscheinen, sie können aber ebensogut völlig fiktiv sein und nur der Modellvorstellung dienen. Voraussetzung ist in jedem Fall, daß die zeitlichen Längen aller Phasen einer Exponentialverteilung gehorchen, worauf noch einzugehen ist.
Diese Unterteilung eines Zeitintervalls in mehrere Phasen sei für die Zwischenankunftszeit etwas näher erläutert. Angenommen, man hat eine empirisch ermittelte Verteilung von Zwischenankunftszeiten t_a durch eine ERLANG-Verteilung angepaßt, dann soll der zugehörige Prozeß der Ankünfte einen ERLANG-Prozeß darstellen. Abb. 3 diene zu dessen näherer Erläuterung. Die Punkte A_i in Abb. 3 stellen die Ankunftszeitpunkte dar. Die Ankunft bei A_0 gibt den Anfang des betrachteten Zeitintervalls an und wird nicht in die Betrachtung einbezogen.

Zur Realisierung einer Erlang-Verteilung für die Zwischenankunftszeiten t_a soll jede Einzelheit t_{ai} aus k Zeiten t_e bestehen, die als Phasenzeiten bezeichnet werden. Das Zeitintervall t_{ej} stellt die Zeit zwischen dem Auftreten eines – realen oder fiktiven – Ereignisses E_{j-1} und dem des Ereignisses E_j dar. Der Zeitpunkt des Auftretens von E_k oder E_{ik} entspricht dem Zeitpunkt der Ankunft A_1 bzw. A_i. Die Phasenzeiten t_e unterliegen der Bedingung, daß ihre Länge exponentiell verteilt ist. Hieraus folgt: Numeriert man die Phasen der Zwischenankunftszeiten t_{ai} jeweils fortlaufend von 1 bis k, so sind die Zeiten $t_{e(ik+j)}$ exponentialverteilt; die Erwartungswerte der einzelnen Phasen j sollen zudem gleich sein. Der Erwartungswert jeder Phasenzeit, $E\{t_e\}$, macht daher den k-ten Teil des Erwartungswertes der Zwischenankunftszeiten, $E\{t_a\}$, aus. Die Verteilung der Länge jeder Phase j hat also eine Dichtefunktion der Form

$$f(t) = \frac{1}{E\{t_e\}} e^{-t/E\{t_e\}} = \frac{k}{E\{t_a\}} e^{-kt/E\{t_a\}}.$$

Hierbei und auch bei allen weiteren Beziehungen gelten mathematisch die Einschränkungen $t \geqq 0$ und $k = 1, 2, 3, \ldots$

Bezeichnet man den Kehrwert des Erwartungswertes der Zwischenankunftszeiten als die mittlere Ankunftsrate λ des Erlang-Prozesses, $\lambda = 1/E\{t_a\}$, so ergibt sich für die Verteilung der zeitlichen Längen der Phasen die Dichtefunktion $f(t) = k\lambda e^{-k\lambda t}$.

Zwei Beispiele sollen Möglichkeiten aufzeigen, wie Erlang-verteilte Zwischenankunftszeiten in der Praxis entstehen können. Als erstes sei auf den Fall hingewiesen, daß aus einem Ankunftsprozeß mit exponentialverteilten Zwischenankunftszeiten jede k-te Ankunft bzw. jeder k-te Kunde herausgenommen und einer besonderen Bedienung zugeführt wird. Als zweite Möglichkeit ist anzuführen, daß der Ankunftsprozeß den Output eines Warteschlangensystems darstellt, dessen Bedienungszeiten Erlang-verteilt sind. Dabei wird vorausgesetzt, daß die nächste Einheit mit dem Durchlauf beginnt, sobald die erste Einheit das System als Output verlassen hat. In beiden Beispielen muß eine hinreichend (unendlich) große Kundenquelle angenommen werden.

Für die Bedienungszeiten kann man sich eine Einteilung in Phasen analog wie bei den Zwischenankunftszeiten vorstellen. Die Bedienung kann beispielsweise aus mehreren Teilarbeiten bestehen, deren zeitliche Längen derselben Dichtefunktion der Exponentialverteilung gehorchen.

Alle Teilarbeiten fallen bei jeder Bedienung an, ihre Zeitdauer kann jedoch den Wert Null annehmen. Bezeichnet man den Kehrwert des Erwartungswertes der Bedienungszeiten als die Bedienungsrate μ, so ist der Erwartungswert der Phasenzeiten $1/(k\mu)$, und zwar wiederum für alle k Phasen. Demnach lautet die Dichtefunktion der zeitlichen Dauer einer Phase j der Bedienung

$$f(t) = k\mu e^{-k\mu t}.$$

Das Verteilungsgesetz entspricht dem der Länge der Ankunftszeitphasen.

Bei einem Erlang-Prozeß gelten zusammengefaßt die folgenden Voraussetzungen.

1. Jeder Kunde durchläuft (bei seiner Ankunft oder zu seiner Bedienung) alle Phasen.
2. Nach Durchlaufen der Phase j geht der Kunde unmittelbar in die Phase $j + 1$ über; die Reihenfolge der Phasen muß eingehalten werden.
3. Unmittelbar nachdem der Kunde die k-te Phase verlassen hat (d. h. wenn er angekommen ist bzw. wenn seine Bedienung abgeschlossen ist), beginnt für den nächstfolgenden Kunden die erste Phase des Durchlaufs. Es befindet sich also zu jedem Zeitpunkt genau ein Kunde im System.

4. Die Durchlaufzeiten je Phase sind exponentialverteilt. Sie sind also voneinander unabhängig.
5. Die mittlere Durchlaufrate aller Phasen ist gleich, und zwar beträgt sie ak, wenn k die Anzahl der Phasen und a den Kehrwert des Erwartungswertes der Durchlaufzeit durch das Phasensystem darstellt.

Betrachtet sei zunächst die Wahrscheinlichkeit dafür, daß eine Phase zur Zeit x noch andauert und daß sie im Intervall von x bis $x + dx$ endet.
Die Wahrscheinlichkeit, daß die Phase zur Zeit x noch andauert, d. h. daß ihre Länge mindestens x beträgt, ist auf Grund der vorausgesetzten Exponentialverteilung für die Phasenlängen gleich

$$\int_x^\infty f(t)\,dt = ak \int_x^\infty e^{-akt}\,dt = e^{-akx},$$

wenn man k Phasen annimmt und den Erwartungswert der Phasenzeit gleich $1/(ak)$ setzt. Die Wahrscheinlichkeit dafür, daß eine Zeit höchstens dx dauert, ergibt sich entsprechend zu

$$\int_0^{dx} f(t)\,dt = 1 - e^{-ak\,dx}.$$

Die Exponentialfunktion e^y kann durch die Reihe

$$e^y = 1 + y + \frac{1}{2!}y^2 + \frac{1}{3!}y^3 + \ldots$$

angenähert werden. Daraus folgt die Beziehung

$$1 - e^{-ak\,dx} = ak\,dx + \frac{1}{2}(ak\,dx)^2 + \ldots$$

Da dx eine differentielle Größe ist, können die Glieder höherer Ordnung vernachlässigt werden. Die Wahrscheinlichkeit, daß die Phase während $x + dx$ endet, d. h. daß beide obigen Fälle eintreten, ergibt sich nach dem Multiplikationssatz der Wahrscheinlichkeitsrechnung zu

$$e^{-akx}ak\,dx = ak e^{-akx}dx.$$

Besteht eine Zeit (Zwischenankunfszeit oder Bedienungszeit) beispielsweise aus zwei Phasen, wie es Abb. 5b zeigt, so ist die Wahrscheinlichkeit, daß Phase 2 im Intervall von $t - x$ bis $t - x + dt$ nach ihrem Beginn bei x abschließt,

$$ak e^{-ak(t-x)}dt,$$

wobei nun $k = 2$ gilt. Die Wahrscheinlichkeit dafür, daß beide Phasen im Intervall von t bis $t + dt$ beeendet sind, ergibt sich durch Multiplikation der Einzelwahrscheinlichkeiten. Da der Zeitpunkt der Beendigung von Phase 1 alle Werte zwischen Null und t annehmen kann, muß das Produkt über diesen Bereich von x integriert werden. Demnach gilt für die Wahrscheinlichkeit, daß beide Phasen zwischen t und $t + dt$ abgeschlossen werden (Morse [20], S. 40),

$$P\{t + dt\} = f(t)\,dt = \int_{x=0}^{t} (2a)^2 e^{-2ax} e^{-2a(t-x)}\,dx\,dt = (2a)^2 e^{-2at}dt \int_0^t dx$$
$$= (2a)^2 t e^{-2at}dt.$$

Die Gleichung $f(t)$ stellt die Dichtefunktion der ERLANG-Verteilung mit zwei Phasen ($k = 2$) und dem Erwartungswert $1/a$ dar. Dieses Verteilungsgesetz unterscheidet sich in seiner mathematischen Form wie in seiner geometrischen Darstellung grundsätzlich von der Exponentialverteilung der Phasen.

Zur Herleitung der Dichtefunktion für beliebig große Werte k ist die voranstehende Betrachtungsweise zu verallgemeinern. Abb. 5c soll die Unterteilung einer (Zwischenankunfts- oder Bedienungs-)Zeit in k Phasen verdeutlichen.

Für Phase 1 ergibt sich die Wahrscheinlichkeit für eine Länge von $x_1 - x_0$ zu

$$ake^{-ak(x_1-x_0)}\,dx_1 = ake^{-akx_1}\,dx_1$$

mit $x_0 = 0$. Die Wahrscheinlichkeit für die Länge $x_j - x_{j-1}$ der Phase j lautet

für Phase 2: $ake^{-ak(x_2-x_1)}\,dx_2$,

für Phase 3: $ake^{-ak(x_3-x_2)}\,dx_3$

usw. bis

für Phase $k - 1$: $ake^{-ak(x_{k-1}-x_{k-2})}\,dx_{k-1}$

und

für Phase k: $ake^{-ak(t-x_{k-1})}\,dt$ mit $x_k = t$.

Hierbei gilt

$$0 = x_0 \leqq x_1 \leqq x_2 \leqq \ldots \leqq x_{k-1} \leqq x_k = t.$$

Die Wahrscheinlichkeit dafür, daß die k-te Phase im Intervall von t bis $t + dt$ seit Beginn der ersten Phase zu Ende geht, wenn alle vorherigen Phasen j zu den ihnen zugeordneten Zeitpunkten x_j bzw. in den Intervallen dx_j geendet haben, ist nach dem Multiplikationssatz das Produkt der Wahrscheinlichkeiten für die Beendigung der einzelnen Phasen. Da der Zeitpunkt x_j alle Werte des Bereiches von Null bis x_{j+1} annehmen kann, wird das Produkt für jedes dx_j über diesen Bereich integriert.

$$f(t)\,dt = (ak)^k \int_{x_{k-1}=0}^{t} e^{-ak(t-x_{k-1})}\,dt \int_{x_{k-2}=0}^{x_{k-1}} e^{-ak(x_{k-1}-x_{k-2})}\,dx_{k-1} \ldots$$

$$\cdot \int_{x_2=0}^{x_3} e^{-ak(x_3-x_2)}\,dx_3 \int_{x_1=0}^{x_2} e^{-ak(x_2-x_1)}\,dx_2 e^{-akx_1}\,dx_1.$$

Die Wahrscheinlichkeit, daß die k Phasen bei t enden, ist also die Wahrscheinlichkeit dafür, daß sowohl die k-te Phase die Zeit $t - x_{k-1}$ dauert als auch die Phase $k - 1$ die Zeit $x_{k-1} - x_{k-2}$ dauert als auch ...

Der letzte Integralausdruck läßt sich umformen zu

$$e^{-akx_2}\,dx_2 \int_0^{x_2} dx_1,$$

und die beiden letzten ergeben

$$e^{-akx_3}\,dx_3 \int_0^{x_3}\int_0^{x_2} dx_1\,dx_2.$$

Die Exponentialausdrücke vor den Integralen kürzen sich jeweils gegen einen Ausdruck des davorstehenden Integranden. Schreibt man die Differentiale zu den Integralen, so folgt als Bestimmungsgleichung

$$f(t)\,dt = (ak)^k e^{-akt}dt \int_0^t dx_{k-1} \int_0^{x_{k-1}} dx_{k-2} \ldots \int_0^{x_3} dx_2 \int_0^{x_2} dx_1.$$

Die Lösung des letzten Integrals dieses k-fachen Integralausdrucks lautet x_2. Für die nächsten Integrale ergeben sich als Lösungen

$$\int_0^{x_3} x_2 dx_2 = \frac{1}{2} x_3^2,$$

$$\int_0^{x_4} \frac{1}{2} x_3^2 dx_3 = \frac{1}{2 \cdot 3} x_4^3$$

usw. bis schließlich

$$\frac{1}{(k-2)!} \int_0^t x_{k-1}^{k-2} dx_{k-1} = \frac{1}{(k-1)!} t^{k-1}.$$

Die Dichtefunktion dieser Verteilung von k Phasenzeiten lautet demnach

$$f(t) = \frac{(ak)^k}{(k-1)!} t^{k-1} e^{-akt}$$

mit $0 \leqq t < \infty$, $a > 0$, $k = 1, 2, 3 \ldots$ Diese Gesetzmäßigkeit wird als die Dichtefunktion der ERLANG-Verteilung bezeichnet. Sie stellt eine Dichtefunktion dar, weil sie die Bedingung erfüllt, daß die Fläche unter der Funktion den Wert 1 hat.

$$\int_0^\infty f(t)\, dt = \frac{1}{(k-1)!} \int_0^\infty (akt)^{k-1} e^{-akt} d(akt) = 1.$$

Das Integral, das den Wert $(k-1)!$ hat, stellt die sogenannte unvollständige Gamma-Funktion dar.

Läßt sich eine empirische Häufigkeitsverteilung von Zwischenankunftszeiten oder von Bedienungszeiten durch eine Funktion der ERLANG-Verteilung mit bestimmten Parametern a und k statistisch gesichert annähern, so kann diese als hinreichende statistische Beschreibung der wirklichen Gegebenheiten in den Modellen der Warteschlangentheorie verwandt werden.

A. K. ERLANG hat sich bei seinen Untersuchungen im Telefonwesen mit verschiedenen theoretischen Ankunfts- oder Bedienungszeitverteilungen auseinandergesetzt. Er befaßte sich zwar vorzugsweise mit Exponentialverteilung und Einpunkt-Verteilung (Konstanz), verwandte aber auch die voraufgehend hergeleitete Verteilungsdichte. Die Zusammenhänge zwischen ERLANG-Verteilung einerseits und Exponentialverteilung und Konstanz andererseits – auf die später eingegangen wird – waren ERLANG bekannt. Von ihm stammt die Idee der Zerlegung in mehrere exponentialverteilte Phasen. In einem Vortrag hat er hierüber genauere Ausführungen gemacht (BROCKMEYER, HALSTRÖM und JENSEN [1], S. 205, vgl. auch S. 25 und 175). Die zweiphasige Verteilung z. B. bezeichnet er als »das Gesetz der Dauer eines zusammengesetzten Gespräches, bei dem die beiden Komponenten vom einfachen Typ« (d. h. exponentialverteilt) sind. »Umgekehrt«, so heißt es weiter, »können die als zusammengesetzt gedachten Gespräche in einfache zerlegt werden«. In Anerkennung seiner Pionierleistungen wird in der Warteschlangentheorie nicht nur diese Verteilung nach ihm benannt, sondern auch die sog. Verkehrsintensität, die meist mit ϱ bezeichnet wird, in einer dimensionslosen Einheit »ERLANG« angegeben.

Die Verteilung der obigen Form wird in der Literatur verschiedentlich als PEARSON-Typ-III-Verteilung bezeichnet. In anderen Veröffentlichungen spricht man von Gammaverteilung, wobei im allgemeinen jedoch der Parameter k ausdrücklich als ganzzahlig positiv definiert und das Produkt ak durch einen einzigen Buchstaben ersetzt ist. Der

ERLANG-Prozeß wird verschiedentlich auch als stationärer Prozeß mit beschränkter Nachwirkung bezeichnet.

Abschließend sei noch darauf verwiesen, daß die obige Herleitung der ERLANG-Verteilung in der wahrscheinlichkeitstheoretischen Terminologie bewußt ausführlich gehalten wurde. Im Folgenden sind kürzere Verfahren angeführt. Eine mathematisch interessante Herleitung ist zudem bei KROMPHARDT, HENN und FÖRSTNER ([16], S. 345) zu finden.

2.2 Herleitung durch Faltung der Dichtefunktion der Exponentialverteilung

Eine ERLANG-verteilte Zeit t besteht entsprechend den geltenden Voraussetzungen aus k Phasen, deren Längen t_j unabhängige und stetige Zufallsgrößen sind.

$$t = \sum_{j=1}^{k} t_j$$

Die Verteilungsfunktion $F(t)$ der Variablen t ist die Wahrscheinlichkeit dafür, daß die Summe der Größen t_j kleiner oder gleich dem Wert t ist. Nach den Regeln der mathematischen Statistik ergibt sich bei einer Variablen mit k Phasen für diese Wahrscheinlichkeit ein k-dimensionales Integral, das sich auf ein k-faches Integral zurückführen läßt. Bei zwei Phasen beispielsweise gilt für die Verteilungsfunktion

$$F(t) = \int_{t_2=-\infty}^{+\infty} \int_{t_1=-\infty}^{t-t_2} f_1(t_1)\, f_2(t_2)\, dt_1\, dt_2,$$

wobei $f_1(t)$ und $f_2(t)$ die Dichtefunktionen der Länge von Phase 1 bzw. Phase 2 sind. Da die Zeit in der Warteschlangentheorie die Variable darstellt und sie nicht negativ sein kann, wird als untere Integrationsgrenze Null gesetzt. Aus der ersten Integration ergibt sich

$$F(t) = \int_0^{\infty} F_1(t - t_2)\, f_2(t_2)\, dt_2.$$

Hieraus folgt für die zugehörige Dichtefunktion $f(t)$ durch Differentiation

$$f(t) = \int_0^{\infty} f_1(t - t_2)\, f_2(t_2)\, dt_2$$

und, da $f_1(t - t_2)$ für $t_2 > t$ den Wert Null hat, die Endformel des sogenannten Faltungsintegrals

$$f(t) = \int_0^{t} f_1(t - t_2)\, f_2(t_2)\, dt_2.$$

Nach Voraussetzung gehorchen die Phasenlängen t_j unabhängig von j dem gleichen exponentiellen Verteilungsgesetz

$$f_j(t) = f(t) = ak\, e^{-akt}.$$

Die Verteilung der Summe von zwei Phasen ist entsprechend dem obigen Faltungsgesetz

$$f(t) = f(t_1 + t_2) = (ak)^2 \int_0^{t} e^{-ak(t-t_2)}\, e^{-akt_2}\, dt_2 = (ak)^2\, t\, e^{-akt}.$$

Durch mathematische Induktion läßt sich die Dichtefunktion der ERLANG-Verteilung als Faltung von k exponentiellen Phasenverteilungen herleiten zu

$$f(t) = f(t_1 + t_2 + \ldots + t_k) = \frac{(ak)^k}{(k-1)!} t^{k-1} e^{-akt}.$$

Schreibt man die Faltungsintegrale für mehrere Phasen explizite auf, so ist die formale Gleichheit zwischen der Herleitung durch Faltung und der Herleitung durch die wahrscheinlichkeitstheoretische Betrachtung der Warteschlangentheorie augenscheinlich.
Bei der Durchführung einer k-fachen Faltung kann die Verwendung der LAPLACE-Transformation eine große Hilfe sein. Nach den Regeln für das Rechnen mit der LAPLACE-Transformation entspricht die Faltung zweier Verteilungen der Multiplikation der transformierten Dichtefunktionen (DOETSCH [5], S. 41). Die LAPLACE-transformierte Dichtefunktion $f(s)$ der Exponentialverteilung nimmt nach der Definitionsgleichung

$$f(s) = \int_0^\infty e^{-st} f(t)\,dt$$

den arithmetischen Ausdruck

$$ak \frac{1}{ak + s}$$

an. Die Transformierte der Dichtefunktion einer Summe von k exponentialverteilten Variablen stellt daher die k-te Potenz dieses Ausdrucks dar,

$$f_k(s) = (ak)^k \frac{1}{(ak + s)^k}.$$

Der abschließende und meist schwierigste Schritt ist die Rücktransformation. Da die LAPLACE-Transformierten vieler gebräuchlicher Funktionen tabellarisch erfaßt sind (z. B. DOETSCH [5], S. 228–252), braucht oft weder die Transformation noch die Rücktransformation rechnerisch vorgenommen zu werden. Nach DOETSCH ([5], S. 237) gehört zu der LAPLACE-Transformierten

$$f(s) = \frac{1}{(b + s)^n} \qquad (b > 0,\ n \geqq 1)$$

die Originalfunktion

$$\frac{1}{\Gamma(n)} t^{n-1} e^{-bt}.$$

Hieraus folgt unmittelbar dic Dichtefunktion der ERLANG-Verteilung als der Verteilung der Summe von k unabhängigen exponentialverteilten Zeiten. Die Gammafunktion $\Gamma(n)$ entspricht für ganzzahlige positive Werte von n dem Ausdruck $(n-1)!$.

2.3 Herleitung mit Hilfe der Poisson-Verteilung

Bei vielen stochastischen Prozessen geht man von der Annahme aus, daß die Wahrscheinlichkeit dafür, daß ein Ereignis innerhalb eines bestimmten Zeitintervalls eintritt, asymptotisch proportional zur Länge des Intervalls ist. Der Proportionalitätsfaktor sei mit λ bezeichnet. Aus obiger Annahme folgt, daß die Wahrscheinlichkeit $p(n)$ für das Eintreffen von n Ereignissen im Zeitintervall T einer POISSON-Verteilung mit dem Mittelwert λT gehorcht.

$$p(n) = \frac{(\lambda T)^n}{n!} e^{-\lambda T}$$

Beim ERLANG-Prozeß trifft man als weitere Annahme die, daß die Ereignisse des ERLANG-Stromes mit den fortlaufend k-ten Ereignissen des POISSON-Stromes zusammenfallen. In der Terminologie der Warteschlangentheorie versteht man unter einem Ereignis des ERLANG-Prozesses im allgemeinen entweder den Zeitpunkt einer Kundenankunft oder den Zeitpunkt eines Bedienungsendes. Das Ereignis des POISSON-Prozesses entspricht dem Endpunkt einer Phase.

Dann ist die Wahrscheinlichkeit dafür, daß bis zur Zeit t noch keine neue Ankunft erfolgt ist bzw. daß die Bedienung bei Ablauf der Zeit t seit ihrem Beginn noch nicht beendet ist, gleich der Wahrscheinlichkeit, daß höchstens $k - 1$ Phasenenden innerhalb dieses Intervalls t liegen (vgl. BROCKMEYER, HALSTRÖM und JENSEN [1], S. 24). Der oben erwähnte Proportionalitätsfaktor λ betrage nun ak. Die Wahrscheinlichkeit, daß eine Zwischenankunftszeit oder eine Bedienungszeit (x) größer als die Zeit t ist, ergibt sich durch Summation der POISSON-Wahrscheinlichkeiten für die verschiedenen zugelassenen Anzahlen von Ereignissen (Phasen) innerhalb der Zeit t.

$$\begin{aligned} P\{x > t\} &= \sum_{n=0}^{k-1} p(n) \\ &= e^{-akt} \sum_{n=0}^{k-1} \frac{(akt)^n}{n!} \\ &= e^{-akt} + akt\, e^{-akt} + \frac{(akt)^2}{2} e^{-akt} + \ldots + \frac{(akt)^{k-1}}{(k-1)!} e^{-akt} \end{aligned}$$

Zur weiteren Vereinfachung seien die folgenden, durch partielle Integration entstandenen Beziehungen betrachtet.

$$\int_u^\infty e^{-y} dy = e^{-u}$$

$$\int_u^\infty y e^{-y} dy = u e^{-u} + \int_u^\infty e^{-y} dy = u e^{-u} + e^{-u}$$

$$\int_u^\infty \frac{y^2}{2} e^{-y} dy = \frac{u^2}{2} e^{-u} + \int_u^\infty y e^{-y} dy = \frac{u^2}{2} e^{-u} + u e^{-u} + e^{-u}$$

Für beliebige Potenzen von y gilt dann

$$\int_u^\infty \frac{y^m}{m!} e^{-y} dy = \frac{u^m}{m!} e^{-u} + \int_u^\infty \frac{y^{m-1}}{(m-1)!} e^{-y} dy = \sum_{n=0}^{m} \frac{u^n}{n!} e^{-u}.$$

Mit Hilfe dieser induktiv gefundenen Beziehung ergibt sich mit $u = akt$ und $m = k - 1$ für die obige Beziehung

$$P\{x > t\} = \int_{akt}^\infty \frac{1}{(k-1)!} x^{k-1} e^{-x} dx.$$

Die Wahrscheinlichkeit dafür, daß eine Zeitdauer im Intervall von t bis $t + dt$ seit ihrem Beginn bei Null endet, ergibt sich hieraus wiederum zu

$$P\{t \leqq x \leqq t + dt\} = P\{x = t\}\, dt = f(t)\, dt = \frac{(akt)^{k-1}}{(k-1)!} e^{-akt} ak\, dt.$$

ERLANG hat diese Dichtefunktion in ähnlicher Weise hergeleitet, wie den Ausführungen von JENSEN (BROCKMEYER, HALSTRÖM und JENSEN [1], S. 24) zu entnehmen ist.

3. Die Verteilungsfunktion der Erlang-Verteilung und verwandte Beziehungen

Die Dichtefunktion $f(t)$, multipliziert mit dt, gibt die Wahrscheinlichkeit dafür an, daß eine Einheit, die vor ihrer Ankunft oder bei ihrer Bedienung eine bestimmte Anzahl von Phasen mit exponentialverteilter Länge durchläuft, diesen Durchlauf zur Zeit $t(+\,dt)$ beendet.

Bei vielen Untersuchungen interessieren zudem die Wahrscheinlichkeiten, daß die Gesamtdurchlaufzeiten höchstens – oder mindestens – einen bestimmten Wert t haben. Die Wahrscheinlichkeit, daß die Gesamtzeit höchstens t beträgt, sei als $F(t)$ und die Wahrscheinlichkeit für eine Zeitdauer von mindestens t als $G(t)$ bezeichnet. $G(t)$ kann auch als die Wahrscheinlichkeit dafür verstanden werden, daß in einem Zeitraum von Null bis t keine Ankunft stattgefunden hat bzw. keine Bedienung abgeschlossen worden ist. Die Kenntnis der Verteilungsfunktion einer Verteilung ist auch in anderem Zusammenhang erforderlich, beispielsweise zur Durchführung der Anpassungstests von Kolmogorow, Smirnow und Rényi.

Die Definitionsgleichungen für diese beiden Funktionen lauten:

$$P\{x \leqq t\} = F(t) = \int_0^t f(x)\,dx,$$

$$P\{x \geqq t\} = G(t) = \int_t^\infty f(x)\,dx,$$

woraus

$$F(t) + G(t) = 1$$

folgt. In der Literatur wird $F(t)$ im allgemeinen als die Verteilungsfunktion der Variablen t bezeichnet. Die Bezeichnung Summenfunktion wird in den folgenden Ausführungen als synonym gebraucht.

Für die Erlang-Verteilung ergibt die Definition für $F(t)$

$$F(t) = \frac{(ak)^k}{(k-1)!}\int_0^t x^{k-1} e^{-akx}\,dx.$$

Mit Hilfe der zuvor abgeleiteten Beziehung

$$\frac{1}{m!}\int_u^\infty x^m e^{-x}\,dx = \sum_{n=0}^{m} \frac{u^n}{n!}\,e^{-u}$$

läßt sich die Gleichung für $F(t)$ wie folgt auf eine analoge Form bringen:

$$F(t) = \frac{(ak)^k}{(k-1)!}\int_0^t x^{k-1} e^{-akx}\,dx = 1 - G(t),$$

$$G(t) = \frac{(ak)^k}{(k-1)!}\int_t^\infty x^{k-1} e^{-akx}\,dx$$

$$= \frac{1}{(k-1)!}\int_{akt}^\infty y^{k-1} e^{-y}\,dy.$$

Nach obiger Beziehung ergibt sich hieraus

$$G(t) = e^{-akt}\sum_{n=0}^{k-1} \frac{(akt)^n}{n!}.$$

Für die Verteilungsfunktion $F(t)$ der ERLANG-Verteilung folgt hieraus die Gleichung

$$F(t) = 1 - e^{-akt} \sum_{n=0}^{k-1} \frac{(akt)^n}{n!}.$$

Eine mathematisch oder numerisch einfacher zu handhabende Beziehung ist nicht bekannt, ebenso keine befriedigende Näherungslösung. Zwar gibt es weitere Lösungen für $F(t)$, z. B.

$$F(t) = \frac{(akt)^k}{(k-1)!} \sum_{n=0}^{\infty} (-1)^n \frac{(akt)^n}{n!(k+n)}$$

und

$$F(t) = (akt)^k e^{-akt} \sum_{n=0}^{\infty} \frac{(akt)^n}{(k+n)!},$$

doch stellen diese jeweils Summen mit unendlich vielen Summanden dar. Bricht man bei einer numerischen Berechnung des Wertes einer solchen Summe die Summation nach N Gliedern ab, so ist im allgemeinen eine Abschätzung des Restes R_N bzw. des Fehlers erforderlich.

Die Summanden

$$\frac{(akt)^n}{n!} e^{-akt}$$

in der Bestimmungsgleichung der Verteilungsfunktion $F(t)$ können als Werte der Dichtefunktion einer POISSON-Verteilung aufgefaßt werden. Und zwar läßt sich folgende Aussage machen: Der Wert der Verteilungsfunktion $F(t)$ einer ERLANG-Verteilung an der Stelle t entspricht dem Komplement zu eins des Wertes der Verteilungsfunktion einer POISSON-Verteilung, deren Erwartungswert akt ist, an der Stelle $k - 1$.

Hieraus ergibt sich die Möglichkeit, Werte der Verteilungsfunktion der ERLANG-Verteilung aus Tabellen der POISSON-Verteilung zu entnehmen und umgekehrt (vgl. z. B. SCHLAIFER [27], S. 711, CHART 1; MOLINA [19]).

Es sei darauf hingewiesen, daß der Integralausdruck

$$\int_0^{akt} e^{-x} x^{k-1} dx$$

die sogenannte unvollständige Gamma-Funktion darstellt. Daher kann $F(t)$ auch als

$$F(t) = \frac{1}{(k-1)!} \gamma(k, akt) = \frac{1}{\Gamma(k)} \gamma(k, akt)$$

geschrieben werden.

Im Zusammenhang mit der wahrscheinlichkeitstheoretischen Betrachtung von Ereignissen können drei weitere interessierende Beziehungen angegeben werden (vgl. MORSE [20], S. 10–13), die mit den Funktionen $F(t)$ und $G(t)$ verwandt sind. Als Ereignis sei weiterhin die Ankunft einer Einheit beim Ankunftsprozeß oder der Abschluß einer Bedienung beim Bedienungsprozeß betrachtet.

a) Die Wahrscheinlichkeit, daß in einem festen Zeitabschnitt t genau m Ereignisse eintreffen, wenn im Zeitpunkt $t = 0$ ein Ereignis stattgefunden hat, gehorcht der Rekursionsformel

$$G_m(t) = \int_0^t f(x)\, G_{m-1}(t-x)\, dx \qquad (m = 1, 2, 3, \ldots).$$

Das Ereignis bei $t = 0$ wird hierbei nicht mitgezählt.
Für die ERLANG-Verteilung als Funktion der Dichte ergibt sich hierfür nach MORSE ([20], S. 42)

$$G_m(t) = e^{-akt} \sum_{n=0}^{k-1} \frac{(akt)^{km+n}}{(km+n)!}.$$

Die Beziehung läßt sich umformen zu

$$G_m(t) = F(t)_{km \text{ Phasen}} - F(t)_{km+k \text{ Phasen}},$$

so daß Werte von $G_m(t)$ bei Verwendung von Tabellen für die Verteilungsfunktion $F(t)$ relativ einfach zu ermitteln sind.
b) Die Wahrscheinlichkeit, daß in einem Zeitintervall t, dessen Beginn beliebig gewählt ist, kein Ereignis eintritt, ist definitionsgemäß

$$a \int_0^\infty dx \int_t^\infty f(x-y)\,dy = a \int_t^\infty G(x)\,dx,$$

wobei a den Kehrwert des Erwartungswertes der Dichtefunktion darstellt. Für ERLANG-verteilte Zeitspannen zwischen den Ereignissen ergibt sich für diese Wahrscheinlichkeit der Ausdruck

$$e^{-akt} \sum_{n=0}^{k-1} \left(1 - \frac{n}{k}\right) \frac{(akt)^n}{n!},$$

der umgeformt werden kann zu

$$1 - F(t) - \frac{1}{k}\, e^{-akt} \sum_{n=1}^{k-1} \frac{(akt)^n}{(n-1)!}.$$

c) Die Wahrscheinlichkeit dafür, daß in einem beliebig gewählten Intervall m Ereignisse eintreffen, ist

$$a \int_0^t G(x)\, G_{m-1}(t-x)\,dx \qquad (m = 1, 2, 3, \ldots)$$

Sie nimmt für den Fall einer ERLANG-Verteilung den Wert

$$e^{-akt} \sum_{n=0}^{k-1} \left[\frac{(akt)^{km-n}}{(km-n)!}\left(1 - \frac{n}{k}\right) + \left(1 - \frac{n-1}{k}\right) \frac{(akt)^{km+1+n}}{(km+1+n)!}\right]$$

an (MORSE [20], S. 42).

Die Verteilungsfunktion der ERLANG-Verteilung und die ihr verwandten Beziehungen stellen im allgemeinen Summen von $k-1$ Summanden dar. Für die Verteilungsfunktion $F(t)$ als der wichtigsten dieser Beziehungen sind im Anhang umfangreiche Tabellen angegeben.

4. Kenngrößen und Funktionen zur statistischen Beschreibung der Erlang-Verteilung

4.1 Momente, Kumulanten und Maßzahlen für die Schiefe

Jede Verteilung einer zufälligen Veränderlichen läßt eine Vielzahl von Informationen über diese Veränderliche zu. Der Informationsgehalt findet seinen Niederschlag insbesondere in den Lage- und Streuungsparametern, also in den Momenten dieser Verteilung. Die besondere Bedeutung der Momente liegt zudem darin, daß die Parameter von Dichte- und Verteilungsfunktion (bei der ERLANG-Verteilung a und k) im allgemeinen in einem funktionalen Zusammenhang mit den Momenten stehen. Hieraus folgt die Möglichkeit und die in der Statistik übliche Vorgehensweise, aus den Momenten von empirischen Häufigkeitsverteilungen die Parameter von Funktionsgleichungen zugehöriger theoretischer Verteilungen zu schätzen (vgl. Kap. 6.2).

Der Erwartungswert einer Verteilung wird vielfach auch als Mittelwert der theoretischen Verteilung bezeichnet. Er kann als die Abszissen-Koordinate des Schwerpunktes der Fläche unter der Dichtefunktion interpretiert werden. Die übliche Definition für den Erwartungswert m einer stetigen, nichtnegativen Veränderlichen t lautet

$$m = \int_0^\infty t f(t)\, dt,$$

wobei $f(t)$ die Dichtefunktion von t ist. Durch partielle Integration kann diese Beziehung umgeformt werden zu

$$m = \int_0^\infty G(t)\, dt,$$

d. h. die Fläche unter der Funktion $G(t)$ hat den Wert m.

Der Erwartungswert der ERLANG-Verteilung ergibt sich zu

$$\begin{aligned} m &= \int_0^\infty \frac{(ak)^k}{(k-1)!}\, t^k e^{-akt}\, dt \\ &= \frac{1}{(k-1)!} \int_0^\infty (akt)^k e^{-akt}\, d(akt) \cdot \frac{1}{ak} \\ &= \frac{1}{(k-1)!}\, \Gamma(k+1)\, \frac{1}{ak} \\ &= \frac{1}{a}. \end{aligned}$$

Die Größe des Erwartungswertes ist also der Kehrwert von a. Dies ist auf Grund der Definition von a zwingend notwendig. m ist von der Zahl der Phasen unabhängig, und zwar dadurch, daß der Erwartungswert der exponentialverteilten Phasen gleich $1/(ak)$ gesetzt worden ist.

Die Varianz der Veränderlichen sei durch σ^2 bezeichnet. Sie stellt den Erwartungswert der quadrierten Abweichungen der Veränderlichen t von m dar und ist folglich definiert als

$$\sigma^2 = \int_0^\infty (t-m)^2 f(t)\, dt.$$

Durch Umformung ergeben sich die Beziehungen

$$\sigma^2 = \int_0^\infty t^2 f(t)\, dt - m^2$$

und

$$\sigma^2 = 2 \int_0^\infty t G(t)\, dt - m^2.$$

Für die Varianz der ERLANG-Verteilung ergibt sich:

$$\begin{aligned}\sigma^2 &= \frac{(ak)^k}{(k-1)!} \int_0^\infty t^{k+1} e^{-akt}\, dt - m^2 \\ &= \frac{1}{(k-1)!} \frac{1}{(ak)^2} \int_0^\infty (akt)^{k+1} e^{-akt}\, d(akt) - m^2 \\ &= \frac{k+1}{a^2 k} - m^2 \\ &= \frac{1}{a^2 k}.\end{aligned}$$

Der Wert der Varianz hängt von der Zahl der Phasen ab, und zwar ist er um so geringer, desto größer k ist.

Ein weiteres Streumaß ist der Variationskoeffizient, der das Verhältnis der Standardabweichung σ zum Erwartungswert m angibt. Bei der ERLANG-Verteilung beträgt dieses Verhältnis $1/\sqrt{k}$ und nimmt, da es nur von k abhängt und k ganzzahlig ist, lediglich diskrete Werte an.

Erwartungswert und Varianz gehören einer Gruppe von Größen an, die als die Momente der Verteilung bezeichnet werden. Solche Momente können in bezug auf den Nullpunkt definiert werden,

$$\mu_j = \int_0^\infty t^j f(t)\, dt,$$

oder in bezug auf den Erwartungswert,

$$\mu_j' = \int_0^\infty (t - m)^j f(t)\, dt.$$

Der Erwartungswert m entspricht dem Moment μ_1 und die Varianz σ^2 dem Moment μ_2'.

Die Momente μ_j einer Verteilung können mit Hilfe bestimmter Funktionen vereinfacht ermittelt werden. Derartige Funktionen stellen die erzeugende Funktion, die momenterzeugende Funktion und die charakteristische Funktion dar. Die Definitionsgleichung dieser Funktionen lautet allgemein:

$$\int_0^\infty g(y, t) f(t)\, dt.$$

Daraus ergibt sich

für $g(y, t) = y^t$ die erzeugende Funktion,

für $g(y, t) = e^{yt}$ die momenterzeugende Funktion,

für $g(y, t) = e^{iyt}$ die charakteristische Funktion ($i = \sqrt{-1}$).

Diese Funktionen sind Transformationen, die eine Analogie zur LAPLACE-Transformation darstellen. Sie können die Durchführung der Faltung von Verteilungsdichten daher auch in ähnlicher Weise erleichtern.
Die erste Ableitung der erzeugenden Funktion nach der Größe y ergibt für den Wert $y = 1$ den Erwartungswert m der Verteilung $f(t)$ und die zweite Ableitung an der gleichen Stelle den Ausdruck $\mu_2 - \mu_1$. Hieraus kann σ^2 wie folgt errechnet werden:

$$\sigma^2 = (\mu_2 - \mu_1) + \mu_1 - \mu_1^2.$$

Sollen mehrere Momente ermittelt werden, so bedient man sich besser einer der beiden anderen Funktionen. Die Bestimmung der Momente sei hier unter Verwendung der momenterzeugenden Funktion $M(y)$ aufgezeigt.
Das Moment μ_j in bezug auf den Nullpunkt ist gleich der j-ten Ableitung der Funktion $M(y)$ an der Stelle $y = 0$.

$$\mu_j = \left.\frac{d^j M(y)}{dy^j}\right|_{y=0} = M^{(j)}(y = 0)$$

Für die ERLANG-Verteilung gilt laut Definition

$$M(y) = \frac{(ak)^k}{(k-1)!} \int_0^\infty e^{t(y-ak)} t^{k-1} dt.$$

Mit Hilfe der Substitution $u = (ak - y)t$ ergibt sich

$$M(y) = \frac{(ak)^k}{(k-1)!} \frac{1}{(ak-y)^k} \int_0^\infty e^{-tu} u^{k-1} du$$

$$= \left(\frac{ak}{ak-y}\right)^k = \left(1 - \frac{y}{ak}\right)^{-k}$$

$$= 1 + \sum_{j=1}^{\infty} \frac{k(k+1)\dots(k+j-1)}{j!\,(ak)^j} y^j.$$

Die Konvergenzbedingung dieser binomischen Reihe

$$\left|\frac{y}{ak}\right| < 1$$

ist erfüllt, weil y beliebig wählbar ist.
Die Ableitungen von $M(y)$ an der Stelle $y = 0$ ergeben die Momente zu

$$\mu^j = \frac{k(k+1)\dots(k+j-1)}{(ak)^j} \qquad (j = 1, 2, 3, \dots)$$

Die momenterzeugende Funktion kann also auch in der Form

$$M(y) = 1 + \sum_{j=0}^{\infty} \frac{\mu_j}{j!} y^j$$

geschrieben werden.
Von den Momenten μ_j' der ERLANG-Verteilung

$$\mu_j' = \frac{1}{a^j}\left[(-1)^j + \sum_{i=1}^{j} \binom{j}{i} \frac{(-1)^{i+1}}{k^i} \prod_{n=0}^{i-1} (k+n)\right]$$

seien die Momente der Ordnung 3 und 4 angegeben, da sie bei empirischen Untersuchungen gegebenenfalls benötigt werden:

$$\mu_3' = \frac{2}{a^3 k^2},$$

$$\mu_4' = \frac{3(k+2)}{a^4 k^3}.$$

Mit Hilfe der charakteristischen Funktion der ERLANG-Verteilung

$$C(y) = \left(1 - \frac{iy}{ak}\right)^{-k} \qquad (i = \sqrt{-1})$$

können die sogenannten Kumulanten oder Semiinvarianten, die von großem theoretischem Interesse sind, bestimmt werden. Die Kumulanten $\varkappa_j$ sind definiert durch die Beziehung

$$C(y) = \exp \sum_{j=1}^{\infty} \varkappa_j \frac{(iy)^j}{j!} \qquad (\exp x = e^x).$$

Durch Logarithmieren ergibt sich hieraus

$$\lg C(y) = \sum_{j=1}^{\infty} \varkappa_j \frac{(iy)^j}{j!}.$$

Die Funktion $\lg C(y)$ wird auch als die kumulative oder die kumulantenerzeugende Funktion bezeichnet. Für die ERLANG-Verteilung erhält man die Beziehung

$$\lg C(y) = -k \lg \left(1 - \frac{iy}{ak}\right)$$

$$= k \sum_{j=1}^{\infty} \frac{1}{j} \left(\frac{iy}{ak}\right)^j.$$

Durch Koeffizientenvergleich ergeben sich die Kumulanten zu

$$\varkappa_j = \frac{k(j-1)!}{(ak)^j}.$$

Der Zusammenhang zwischen Kumulanten und Momenten der ERLANG-Verteilung ist offensichtlich; es gilt

$$\varkappa_j = \frac{(j-1)!}{(k+1)\ldots(k+j-1)} \mu_j.$$

Bei unsymmetrischen Verteilungen interessieren neben Erwartungswert und Varianz insbesondere statistische Maßzahlen, die den Grad der Asymmetrie der Verteilung angeben. Die gebräuchlichste derartige Größe ist die Schiefe, die für die ERLANG-Verteilung die folgende Form annimmt.

$$\text{Schiefe} = \frac{\mu_3'}{\mu_2'^{3/2}} = \frac{\varkappa_3}{\varkappa_2^{3/2}} = \frac{2}{+\sqrt{k}}$$

Die Schiefe ist also von a unabhängig und nimmt mit wachsendem k ab, d. h. die Dichtefunktion der ERLANG-Verteilung wird mit größer werdendem k mehr und mehr

symmetrisch. Der positive Wert der Schiefe macht deutlich, daß der Verlauf der Dichtefunktion linkssteil oder linksschief ist.
PEARSON hat ein weiteres Maß für die Asymmetrie einer Verteilung definiert, und zwar (KENDALL und STUART [15], Vol. 1, S. 85 und 149)

$$\mathrm{Sk} = \frac{m - t_m}{\sigma} = \frac{\mu_3'(\mu_4' + 3\,\mu_2'^2)}{2\sqrt{\mu_2'}\,(5\,\mu_2'\,\mu_4' - 9\,\mu_2'^3 - 6\,\mu_3'^2)}\,.$$

Dabei stellt t_m den Modalwert bzw. die Abszisse des Maximums der Dichtefunktion dar. Der Wert Sk ist durch die ersten vier Momente μ_j' festgelegt. In vielen Fällen dürfte es jedoch empfehlenswert sein, den Modalwert t_m der Verteilung zu ermitteln und in die Bestimmungsgleichung einzusetzen. Für die ERLANG-Verteilung ergibt sich diese Maßgröße zu

$$\mathrm{Sk} = \frac{1}{\sqrt{k}}\,,$$

sie entspricht also formal dem Variationskoeffizienten der ERLANG-Verteilung. Hieraus kann man für die Varianz der ERLANG-Verteilung zusätzlich die Beziehung

$$\sigma^2 = m(m - t_m)$$

herleiten.

Schließlich sei auch der Exzeß erwähnt, der angibt, ob und in welchem Maße die betrachtete Dichtefunktion in ihrem Maximum steiler verläuft als eine Normalverteilung gleicher Varianz.

$$\text{Exzeß} = \frac{\mu_4'}{\mu_2'^2} - 3 = \frac{\varkappa_4}{\varkappa_2^2}$$

Für die ERLANG-Verteilung nimmt er die Größe $6/k$ an. Der positive Wert zeigt einen steileren Verlauf an.

4.2 Modalwert, maximale Wahrscheinlichkeit, Zentralwert und Wendepunkte

Die n-te Ableitung der ERLANG-Verteilung mit k Phasen kann durch die Gleichung

$$f^{(n)}(t) = \frac{(ak)^k}{(k-1)!}\,e^{-akt} \sum_{i=0}^{n} \frac{n!}{i!} \binom{k-1}{n-i} (-\,ak)^i\, t^{k-n-1+i}$$

angegeben werden. Aus der ersten Ableitung,

$$f'(t) = \frac{(ak)^k}{(k-1)!}\,t^{k-2}e^{-akt}(k - 1 - akt),$$

folgt für $f'(t) = 0$ die Abszisse des Extremwertes,

$$t_m = \frac{1}{a}\,\frac{k-1}{k}\,.$$

Eine Betrachtung der zweiten Ableitung ergibt, daß das Extremum ein Maximum ist.
Der Abszissenwert des Maximums einer Dichtefunktion wird üblicherweise in der Statistik als der Modalwert t_m bezeichnet. Mit wachsendem k nähert er sich mehr und

mehr dem Erwartungswert $m = 1/a$, wie auch Abb. 7 sowie die umgeformte Gleichung

$$t_m = \left(1 - \frac{1}{k}\right) m$$

erkennen lassen.

Der Ordinatenwert des Maximums, der auch die maximale Wahrscheinlichkeit f_{max} genannt wird, nimmt bei gleichem Erwartungswert mit wachsendem k zu ($k \geqq 2$). Der Wert für $k = 1$ bildet eine Ausnahme. Die Tendenz ist aus Abb. 6 zu entnehmen.

Bei statistischen Untersuchungen interessiert des öfteren der Zentralwert der Verteilung als weiterer Lageparameter. Als Zentralwert oder Median wird derjenige Abszissenwert t_z bezeichnet, der die Gleichung

$$F(t_z) = 0{,}5$$

erfüllt. Für die ERLANG-Verteilung muß also gelten

$$\frac{(ak)^k}{(k-1)!} \int_0^{t_z} t^{k-1} e^{-akt} dt = 0{,}5$$

oder

$$2\, e^{-akt_z} \sum_{n=0}^{k-1} \frac{(akt_z)^n}{n!} = 1 .$$

Der Zentralwert kann aus Tabellen der Verteilungsfunktion $F(t)$ ohne großen Rechenaufwand ermittelt werden. Die Größe des Zentralwertes t_z in Abhängigkeit von k ist in der folgenden Abbildung (Abb. 7) dargestellt.

Die Wendepunkte einer Funktion erhält man aus der zweiten und dritten Ableitung dieser Funktion. Für die Dichtefunktion der ERLANG-Verteilung ergeben sich die Abszissenwerte der Wendepunkte zu

$$t_w = \frac{1}{a} \qquad \text{für } k = 2$$

und

$$t_w = \frac{1}{ak} (k - 1 \pm \sqrt{k-1}) \qquad \text{für } k \geqq 3 .$$

Die verschiedenen Abszissenwerte, die für die Charakterisierung der Dichtefunktion der ERLANG-Verteilung bedeutsam sind, werden in Abhängigkeit von k in Abb. 7 zusammenfassend dargestellt. Zur Verdeutlichung sind die diskreten Werte durch Linien verbunden.

5. Die Beziehungen der Erlang-Verteilung zu anderen Verteilungen

5.1 Die Übergänge der ERLANG-Verteilung zu Exponential-, Normal- und Einpunktverteilung

Der Parameter a der ERLANG-Verteilung kann alle positiven reellen Zahlenwerte annehmen. Er wirkt sich auf die Kurvenform der Dichtefunktion in der Weise aus, daß der Erwartungswert steigt und die Kurve flacher verläuft, wenn sich der Wert a verringert (vgl. Abb. 8).

Der Parameter k beeinflußt dagegen insbesondere die Symmetrie der Verteilungsform. Mit wachsendem k wird bei gleichbleibendem Erwartungswert $1/a$ einerseits die Form der ERLANG-Verteilung symmetrischer und andererseits nimmt die Standardabweichung ab (Abb. 9). Dies folgt auch daraus, daß die statistischen Kenngrößen für Schiefe und Varianz der ERLANG-Verteilung mit wachsendem k kleinere Werte annehmen.
Es ist ohne großen Rechenaufwand möglich zu zeigen, daß die ERLANG-Verteilung für »hohe« Werte k in eine Normalverteilung übergeht. Durch die Standardisierung $x = (t - m)/\sigma$ erhält die Dichtefunktion der ERLANG-Verteilung die Form

$$f(x) = \frac{\sqrt{k}\, k^k}{k!} \left(1 + \frac{x}{\sqrt{k}}\right)^{k-1} e^{-k-\sqrt{k}\,x}.$$

Für nicht zu kleine Werte k können die Fakultäten nach der STIRLINGschen Formel angenähert werden durch

$$k! \approx k^k e^{-k} \sqrt{2\pi k}.$$

Da die Abweichung des Näherungswertes vom genauen Wert für $k = 10$ etwa 0,8% beträgt, dürfte die STIRLINGsche Formel für empirische Studien bereits ab $k = 10$ brauchbar sein. Es ergibt sich somit die Beziehung

$$f(x) \approx \frac{1}{\sqrt{2\pi}} \left(1 + \frac{x}{\sqrt{k}}\right)^{k-1} e^{-\sqrt{k}\,x}.$$

Logarithmiert man die beiden rechten Faktoren, so folgt

$$-\sqrt{k}\,x + (k-1)\left(\frac{x}{\sqrt{k}} - \frac{x^2}{2k} + \frac{x^3}{3k\sqrt{k}} \mp \ldots\right) =$$

$$-\frac{x^2}{2} + \frac{1}{\sqrt{k}}\left(-x + \frac{x^3}{3} + \frac{x^2}{2\sqrt{k}} \mp \ldots\right);$$

sie nehmen also für hohe Werte k näherungsweise den Wert $e^{-\frac{1}{2}x^2}$ an. Die ERLANG-Verteilung kann demnach für »große« Werte k durch eine Normalverteilung mit der Dichtefunktion

$$f(t) = a\sqrt{k}\,\frac{1}{\sqrt{2\pi}}\, e^{-\frac{1}{2}k(at-1)^2}$$

angenähert werden und umgekehrt. In der Warteschlangentheorie beispielsweise wird man anstatt mit der Normalverteilung als Verteilung von Zwischenankunfts- oder Bedienungszeiten im allgemeinen mit der ERLANG-Verteilung rechnen.
KENDALL und STUART ([15], Vol. 1, S. 166) beschreiben ein Verfahren, nach dem Werte der Summenfunktion einer Verteilung aus Werten der Normalverteilung bestimmt werden können. Die Bestimmungsgleichung lautet

$$F(x) = \int_{-\infty}^{u} \varphi(y)\, dy - \varphi(y = u)\, f(k, H);$$

dabei ist $\varphi(y)$ die Dichtefunktion der standardisierten Normalverteilung und u der durch $(x - m)/\sigma$ transformierte Wert von x. Die Funktion $f(k, H)$ ist eine Hilfsfunktion, die für die ERLANG-Verteilung (mit $akt = x$)

$$f(k, H) = \frac{H_2}{3\sqrt{k}} + \frac{H_3}{4\,k} + \frac{H_5}{18\,k} + \frac{1}{k^{3/2}}\left(\frac{H_4}{5} + \frac{H_6}{12} + \frac{H_8}{162}\right)$$

$$+ \frac{1}{k^2}\left(\frac{H_5}{6} + \frac{47\,H_7}{480} + \frac{H_9}{72} + \frac{H_{11}}{1944}\right)$$

lautet, wenn Erwartungswert und Streuung der ERLANG-Verteilung und der entsprechenden, nicht standardisierten Normalverteilung übereinstimmen. Die Größen H_j sind die sogenannten TSCHEBYSCHEFF–HERMITE-Polynome

$$H_j = H_j(u) = u^j - \frac{j(j-1)}{2}\,u^{j-2} + \frac{j(j-1)(j-2)(j-3)}{2^2\,2!}\,u^{j-4} \mp \ldots$$

Als Beispiele seien angeführt:

$$H_2 = u^2 - 1,$$

$$H_3 = u^3 - 3\,u,$$

$$H_4 = u^4 - 6\,u^2 + 3.$$

Die Näherungsgleichung lautet somit

$$F(akt) = \int_0^{akt} f(x)\,dx = \int_{-\infty}^{u} \varphi(y)\,dy - \varphi(y = u)\,f(k, H),$$

wobei

$$u = \left(akt - \frac{1}{a}\right) a\sqrt{k}$$

ist.

Für ein »unendlich großes« k ergibt sich als Verteilung der Veränderlichen t die Einpunktverteilung (Konstanz), d. h. ein zur Ordinatenachse paralleles Geradenstück mit den Endpunkte (1/a, 0) und (1/a, 1). Dies folgt aus einer Betrachtung von Mittelwert und Streuung der ERLANG-Verteilung: der Erwartungswert ist konstant 1/a, und die Streuung geht mit wachsendem k gegen Null. Es ergibt sich also die Dichtefunktion

$$f(t) = \begin{cases} 1 & \text{für} \quad t = 1/a, \\ 0 & \text{für} \quad t \neq 1/a. \end{cases}$$

Eine explizite Herleitung dieser Funktion aus der ERLANG-Verteilung ist z. B. durch Verwendung der unvollständigen Gamma-Funktion in der Summenfunktion der ERLANG-Verteilung möglich.

Der Parameter k ist im Sinne der Warteschlangentheorie ein Maß für den Grad der Regelmäßigkeit oder Zufälligkeit der Ereignisse bzw. der Zeitintervalle zwischen den Ereignissen. Extreme Werte k führen zu speziellen Prozessen: $k = 1$ entspricht dem streng regellosen Prozeß, $k \to \infty$ entspricht dem völlig regelmäßigen Prozeß. Es bietet sich an, den Kehrwert von k als Grad der Regellosigkeit anzusehen. Für $k = 1$ ergibt sich dann ein Zufälligkeitsgrad von eins für die völlige Regellosigkeit und für den Fall $k \to \infty$ ein Grad von Null, d. h. der Prozeß ist extrem nicht-zufällig, also regelmäßig.

Durch die geeignete Wahl der Parameter a und k der ERLANG-Verteilung ist man in der Lage, empirische Verteilungen anzunähern, deren Form einen Übergang zwischen Exponential- und Einpunktverteilung darstellt (vgl. Abb. 9). Die ERLANG-Verteilung

charakterisiert also Prozesse, in dem gesamten Bereich von »regellos« bis »regelmäßig«.
Für die praktische Anwendung ist oft von Nachteil, daß k nur diskrete Werte annehmen kann und nicht kleiner als eins sein darf. Beispielsweise kann die aus einem Warteschlangenmodell gewonnene mittlere Wartezeit weder für eine Verteilung der Ankunftszeiten mit $k = 1$ noch für eine solche mit $k = 2$ sehr befriedigen, wenn der Schätzwert für k etwa 1,4 beträgt. Die Voraussetzungen und die Herleitung der ERLANG-Verteilung lassen jedoch nur ganzzahlige Werte für k zu, wenn auch die Einteilung in Phasen fiktiv sein kann. Man ist in obigem Falle gezwungen, Modelle zu verwenden, die nicht auf ERLANG-verteilten Zeiten aufbauen. Hierzu bieten sich zwei Möglichkeiten an.

Zum einen können Differentialgleichungen mit linearen Koeffizienten auch dann aufgestellt werden, wenn man nicht k Phasenzeiten mit gleicher Exponentialverteilung hintereinander geschachtelt denkt, sondern entweder Exponentialverteilungen mit verschiedenen Erwartungswerten aneinander reiht oder gleiche Exponentialverteilungen parallel zueinander schaltet. Dies führt zu Verteilungen, die zu der im folgenden besprochenen Klasse der allgemeinen ERLANG-Verteilungen gehören.
Zum anderen besteht die Möglichkeit, Warteschlangenmodelle zu verwenden, die eine beliebige Verteilung der betreffenden Zeitart (Zwischenankunfts-, Bedienungszeiten) zulassen. Die theoretische Verteilung muß im allgemeinen nur den Bedingungen genügen, stetig und integrierbar zu sein, d. h. insbesondere, daß man ihre statistischen Hilfsfunktionen – wie charakteristische Funktion oder LAPLACE-Transformierte – bestimmen kann. Als eine solche Verteilung sei vor allem die Gamma-Verteilung angegeben, die zudem der ERLANG-Verteilung formal sehr verwandt ist.

5.2 Die Klasse der allgemeinen ERLANG-Verteilungen

COX und SMITH ([4], S. 21) haben eine Klasse von Verteilungen definiert und diese als »general Erlangian distribution« bezeichnet. Zu diesen allgemeinen ERLANG-Verteilungen sollen alle Verteilungen zählen, deren LAPLACE-Transformierte sich auf den Quotienten zweier rationaler Polynome, $P(s)/Q(s)$, überführen läßt. Dabei muß $Q(s)$ negative reelle Wurzeln und einen geringeren Grad als das Polynom $P(s)$ haben. Es sei ohne nähere Erläuterung angeführt, daß die allgemeine ERLANG-Verteilung die Dichte eines Systems von exponentialverteilten Phasen in Reihen- und/oder in Parallelschaltung ist.
Sind die Phasen hintereinandergeschaltet und haben sie gleichen Mittelwert, so ergibt sich die ERLANG-Verteilung in der hier besprochenen Form. Mit der Verteilung, die sich für mehrere hintereinandergereihte Exponentialverteilungen mit verschiedenen Erwartungswerten ergibt, hat sich PALM [22] auseinandergesetzt (nach JENSEN, in [1], S. 26). Kombinationen von Exponential- und ERLANG-Verteilungen sind ebenfalls möglich, führen i. a. jedoch zu komplizierten Bestimmungsgleichungen.
Eine andersartige Verallgemeinerung liegt vor, wenn man davon ausgeht, daß eine Einheit vor ihrer Ankunft oder während ihrer Bedienung mit verschiedenen Wahrscheinlichkeiten p_i einen von i Kanälen durchlaufen kann, wobei jeder Kanal aus einer oder aus mehreren exponentialverteilten Phasen besteht. Von der Vielzahl möglicher Verteilungen seien im folgenden nur zwei behandelt, weil diese für die Warteschlangentheorie von besonderer Bedeutung sind.
Besteht das System aus zwei Kanälen mit je einer exponentialverteilten Phase mit den Erwartungswerten $1/(2\,ap_1)$ bzw. $1/(2\,ap_2)$ – wie Abb. 10 veranschaulicht –, so ist die Dichtefunktion der Zeiten, in denen das System durchlaufen ist, mit $p_1 + p_2 = 1$

$$f(t) = 2\,ap_1^2\,e^{-2\,ap_1 t} + 2\,a(1-p_1)^2 e^{-2\,a(1-p_1)t}.$$

Die Wahrscheinlichkeit p_1, mit der eine bestimmte der beiden Phasen auf zufällige Weise ausgewählt wird, kann einen Wert zwischen Null und 0,5 annehmen. Diese Verteilungsdichte wird in der Literatur meist als Hyper-Exponentialverteilung bezeichnet. MORSE ([20], S. 51) hat sich eingehend mit ihr befaßt und Warteschlangenmodelle auf dieser Grundlage aufgebaut.

Besteht das System aus zwei Kanälen mit je zwei exponentialverteilten Phasen, welche die Erwartungswerte $1/(4\,ap_1)$ und $1/(4\,ap_2)$ haben, so ergibt sich mit $p_1 + p_2 = 1$ die Dichtefunktion

$$f(t) = (4\,a)^2 p_1^3\, t e^{-4ap_1 t} + (4\,a)^2 (1 - p_1)^3\, t e^{-4\,a(1-p_1)t}.$$

Diese Dichtefunktion, die durch Parallelanordnung von zwei ERLANG-Verteilungen entsteht und die deren gewichtete Summe darstellt, soll als Hyper-ERLANG-Verteilung bezeichnet werden. Ein Warteschlangenmodell mit hyper-ERLANG-verteilten Bedienungszeiten hat z. B. NELSON ([21], S. 19) diskutiert.

5.3 Die PEARSON-Typ-III-Verteilung und die Gamma-Verteilung

PEARSON hat eine Familie von Verteilungsfunktionen definiert, die einen großen Teil der theoretischen Verteilungen umfaßt. Von diesem System sei hier die sogenannte Typ-III-Verteilung betrachtet. Ihre Dichtefunktion hat die Gleichung

$$f(t) = c_1(1 + c_2 t)^{c_3} e^{-c_2 c_3 t} \quad (c_1, c_2, c_3 > 0).$$

Zu ihrer Herleitung vergleiche man beispielsweise die Ausführungen von KENDALL und STUART ([15], S. 148) oder von SALVOSA ([25], S. 192). Durch Transformationen ergeben sich aus ihr die als Gamma-Verteilung bezeichneten Funktionen

$$f(t) = \frac{1}{\Gamma(k)}\, t^{k-1} e^{-t}$$

oder

$$f(t) = \frac{c^k}{\Gamma(k)}\, t^{k-1} e^{-ct} \qquad (c > 0,\ k > 0).$$

Vergleicht man die Gamma-Verteilung mit der ERLANG-Verteilung, so ist die Analogie offensichtlich. Mathematisch stellt die ERLANG-Verteilung eine spezielle Gamma-Verteilung dar. Der besondere Vorteil der Gamma-Verteilung ist, daß k für alle Werte größer Null definiert ist und diese Verteilung demzufolge anpassungsfähiger ist als die ERLANG-Verteilung.

Zu den Verteilungen vom Typ III gehört auch die χ^2-Verteilung; ihre Gleichung für $2\,k$ Freiheitsgrade weist eine ähnliche formale Übereinstimmung mit der ERLANG-Verteilung auf wie die Gamma-Verteilung. Es ist möglich, Zahlenwerte für die Verteilungsfunktion der ERLANG-Verteilung aus Tabellen der Summenfunktion der χ^2-Verteilung zu entnehmen; eine ausführliche Tabelle der χ^2-Verteilung enthält z. B. das Tabellenwerk von FISHER und YATES ([6], S. 45). Die Dichtefunktionen von Gamma- und χ^2-Verteilung liegen in den üblichen Tafelwerken und Büchern i. a. nicht tabelliert vor.

5.4 Die verallgemeinerte POISSON-Verteilung als Zählverteilung des ERLANG-Prozesses

Zur Beschreibung eines Prozesses kann zum einen die Verteilung der Zeitintervalle t zwischen zwei aufeinanderfolgenden Ereignissen dieses Prozesses dienen und zum anderen die Verteilung der Zahl n von Ereignissen, die in einer bestimmten Zeitspanne T eingetreten sind. Im ersten Fall handelt es sich um eine stetige Verteilung (wie z. B. Erlang- oder Exponentialverteilung), im anderen Fall um diskrete Verteilungen, die auch als Zählverteilungen bezeichnet werden.

Der Zusammenhang zwischen Zählverteilung und Zwischenzeitverteilung kann allgemein wie folgt angegeben werden: Die Wahrscheinlichkeit, daß in einer Zeit T weniger als n Ereignisse eintreffen, ist gleich der Wahrscheinlichkeit, daß die Summe von n Zwischenzeiten größer oder gleich der Länge T ist (Haight u. a. [11b], S. 564). Sie sei als $P(n-1)$ bezeichnet, wobei $P(n)$ die Verteilungsfunktion der Zählverteilung ist.

Die Verteilung der Gesamtdauer von n Zwischenzeiten kann durch die n-fache Faltung der Dichtefunktion der Zwischenzeiten ermittelt werden (vgl. Kap. 2.2). Gibt man die Faltung durch das Symbol $f^{*}(t)$ an, so gilt

$$P(n-1) = \int_T^{\infty} f^{n*}(t)\, dt.$$

Für die Wahrscheinlichkeitsfunktion $p(n)$ der Zählverteilung ergibt sich hiermit nach der Beziehung

$$p(n) = P(n) - P(n-1)$$

als Bestimmungsgleichung

$$p(n) = \int_T^{\infty} f^{(n+1)*}(t)\, dt - \int_T^{\infty} f^{n*}(t)\, dt$$

oder

$$p(n) = \int_0^T f^{n*}(t)\, dt \int_0^T f^{(n+1)*}(t)\, dt.$$

Die Faltung von n Dichtefunktionen der Erlang-Verteilung kann mit Hilfe der Laplace-Transformation leicht ermittelt werden. Da die Faltung von Verteilungen der Multiplikation ihrer Laplace-Transformierten entspricht, ist die Transformierte der n-fach gefalteten Dichtefunktion der Erlang-Verteilung

$$\left(\frac{ak}{ak+s}\right)^{nk}.$$

Das bedeutet, daß die Faltung von n Erlang-Verteilungen mit den Parametern a und k eine Erlang-Verteilung mit den Parametern a/n und nk ergibt. Hieraus folgt

$$p(n) = \frac{1}{(nk-1)!} \int_0^{akT} x^{nk-1} e^{-x}\, dx - \frac{1}{(nk+k-1)!} \int_0^{akT} x^{nk+k-1} e^{-x}\, dx.$$

Beide Glieder dieser Differenz stellen Verteilungsfunktionen von Erlang-Verteilungen dar. Ist $F_k(t)$ die Summenfunktion einer Erlang-Verteilung mit k Phasen, so kann $p(n)$ in der Form

$$p(n) = F_{nk}\left(\frac{T}{n}\right) - F_{(n+1)k}\left(\frac{T}{n+1}\right)$$

geschrieben werden. Setzt man die für die Verteilungsfunktion gefundene Beziehung ein, so ergibt sich

$$p(n) = e^{-akT} \sum_{j=0}^{nk+k-1} \frac{(akT)^j}{j!} - e^{-akT} \sum_{j=0}^{nk-1} \frac{(akT)^j}{j!}.$$

Da die Summanden beider Reihen übereinstimmen, können die Summationsgrenzen zusammengefaßt werden, und es folgt die Beziehung

$$p(n) = \sum_{j=nk}^{nk+k-1} \frac{(akT)^j}{j!} e^{-akT} = \sum_{j=1}^{k} \frac{(akT)^{nk+j-1}}{(nk+j-1)!} e^{-akT}.$$

Zu demselben Ergebnis gelangt man, wenn man das zweite Integral k-mal partiell integriert. Diese Gleichung für $p(n)$ stellt die zum ERLANG-Prozeß gehörige Zählverteilung dar. Sie wird in der Literatur meist als die verallgemeinerte POISSON-Verteilung bezeichnet.

Die Verteilungsfunktion der verallgemeinerten POISSON-Verteilung ergibt sich aus vorstehender Rechnung zu

$$P(n) = e^{-akT} \sum_{j=0}^{nk+k-1} \frac{(akT)^j}{j!}.$$

Die verallgemeinerte POISSON-Verteilung stellt die Summe von mehreren Ausdrücken der POISSON-Verteilung dar. Beispielsweise ist die Wahrscheinlichkeit, daß im Zeitabschnitt T kein Ereignis eintritt, die Summe der k ersten Werte der Wahrscheinlichkeitsfunktion einer POISSON-Verteilung mit dem Erwartungswert akT. Die Werte $p(n)$ der verallgemeinerten POISSON-Verteilung lassen sich also aus Tabellen der POISSON-Verteilung bestimmen (z. B. HAIGHT [11a], MOLINA [19]). Da in vielen Tabellenwerken die POISSON-Verteilung im allgemeinen nicht ausführlich tabelliert vorliegt, können andere Bestimmungsgleichungen von Nutzen sein. HAIGHT u. a. ([11b], S. 564) geben die verallgemeinerten POISSON-Verteilungen beispielsweise in Ausdrücken der unvollständigen Gammafunktion an. Die Funktionswerte der verallgemeinerten POISSON-Verteilung können zudem entsprechend ihrer Beziehung zur ERLANG-Verteilung mit Hilfe der im Anhang angegebenen Tabellen zur ERLANG-Verteilung bestimmt werden.

HAIGHT ([11a], S. 56) weist darauf hin, daß sich ein anderes Verteilungsgesetz ergibt, falls die erste Zählperiode nicht unmittelbar nach dem Eintreffen eines Ereignisses A (entsprechend Abb. 3) beginnt. Er bezeichnet diese Verteilung als asynchronous counting distribution; in anderen Veröffentlichungen wird sie MORSE-JEWELL-Verteilung genannt. Ihre Wahrscheinlichkeitsfunktion hat die Form:

$$p(o) = e^{-akT} \sum_{j=0}^{k-1} \left(1 - \frac{j}{k}\right) \frac{(akT)^j}{j!},$$

$$p(n) = e^{-akT} \sum_{j=-k+1}^{k-1} \left(1 - \frac{|j|}{k}\right) \frac{(akT)^{nk+j}}{(nk+j)!} \qquad (n = 1, 2, 3, \ldots).$$

6. Die Schätzfunktionen der Verteilungsparameter der Erlang-Verteilung

Die Gleichungen von Dichte- und Summenfunktion der ERLANG-Verteilung enthalten die Konstanten a und k als Parameter. Zur Verwendung der ERLANG-Verteilung bei empirischen Problemen ist es notwendig, eine Angabe über die Größe dieser Parameter zu haben, d. h. die Größe auf Grund der aus einer Stichprobe zu ermittelnden statistischen Kenngrößen zu schätzen. Es gibt verschiedene Möglichkeiten, Schätzwerte für Parameter zu bestimmen. Sie haben jeweils günstige Anwendungsmöglichkeiten, ergeben des öfteren jedoch unterschiedlich gute Schätzungen. Das sogenannte Maximum-Likelihood-Verfahren ist als das durchweg optimale Verfahren zur Schätzung von Parametern anzusehen.

6.1 Schätzung nach dem Maximum-Likelihood-Verfahren

Die Likelihoodfunktion L für eine Stichprobe von n Werten und für einen zu schätzenden Parameter Θ ist definiert als die Dichtefunktion im n-dimensionalen Stichprobenraum,

$$L(t_1, t_2, \ldots, t_n | \Theta) = \prod_{i=1}^{n} f(t_i | \Theta).$$

Für die ERLANG-Verteilung mit den zu schätzenden Parametern a und k ergibt sich die Likelihoodfunktion zu

$$L = \prod_{i=1}^{n} f(t_i | a, k) = \frac{(ak)^{kn}}{[(k-1!)]^n} e^{-ak \sum_{i=1}^{n} t_i} \prod_{i=1}^{n} t_i^{k-1}.$$

Als Schätzwerte werden nun diejenigen Werte verwandt, für die die Wahrscheinlichkeitsdichte im realisierten Punkt $(t_1, t_2, \ldots, t_n)$ möglichst groß wird. Das bedeutet, daß die Likelihoodfunktion maximiert werden muß. Nach den Regeln der Differentialrechnung ermittelt man Extremwerte, indem man die betreffende Funktion nach der zu untersuchenden Größe differenziert und die Ableitung gleich Null setzt. Da die Differentiation einer Likelihoodfunktion im allgemeinen schwierig oder zumindest umständlich ist, wird diese zur Vereinfachung der weiteren Berechnung logarithmiert. Die Beziehung

$$\frac{\partial}{\partial \Theta} \log L(t_1, t_2, \ldots, t_n | \Theta) \bigg|_{\Theta = \hat{\Theta}} = 0$$

ist die Definitionsgleichung der Maximum-Likelihood-Schätzung. Durch das Symbol ^ wird der Schätzwert gekennzeichnet.

Bei Verwendung des natürlichen Logarithmus ergibt sich bei Betrachtung der ERLANG-Verteilung

$$\ln L = kn \ln(ak) - n \ln \Gamma(k) + (k-1) \sum_{i=1}^{n} \ln t_i - ak \sum_{i=1}^{n} t_i,$$

wobei $(k-1)!$ durch $\Gamma(k)$ ersetzt worden ist. Die partielle Ableitung dieser Gleichung nach a ergibt

$$\frac{\partial \ln L}{\partial a} = \frac{kn}{a} - k \sum_{i=1}^{n} t_i.$$

Setzt man die Ableitung gleich Null, folgt hieraus als Abszisse des Maximums und damit als Schätzwert $\hat{a}$ für den Parameter a der ERLANG-Verteilung die Beziehung

$$\hat{a} = n \Big/ \sum_{i=1}^{n} t_i = \frac{1}{\bar{t}}.$$

Der Parameter a, der definitionsgemäß den Kehrwert des Erwartungswertes der Zeiten t darstellt, wird also durch den Kehrwert des arithmetischen Mittelwertes $\bar{t}$ der Stichprobenwerte t_i geschätzt. Die Schreibweise

$$\frac{\partial \ln L}{\partial k} = \frac{kn\bar{t}}{a}\left(\frac{1}{\bar{t}} - a\right)$$

läßt erkennen, daß diese Schätzung eine Schätzung kleinster Varianz ist.
Die Differentiation nach k führt zu der Gleichung

$$\frac{\partial \ln L}{\partial k} = n \ln (ak) + n - n\,\frac{\partial \ln \Gamma(k)}{\partial k} + \sum_{i=1}^{n} \ln t_i - a \sum_{i=1}^{n} t_i.$$

Hieraus folgt durch Nullsetzen und Umformen die Beziehung

$$\ln k - \frac{\partial \ln \Gamma(k)}{\partial k} = \ln \bar{t} - \frac{1}{n} \sum_{i=1}^{n} \ln t_i,$$

in der a durch seinen Schätzwert $\hat{a}$ ersetzt ist. Die Lösung dieser Gleichung für k stellt den Schätzwert $\hat{k}$ dar.
Da der Parameter k der ERLANG-Verteilung nur ganzzahlige Werte annimmt, kann die Ableitung der logarithmierten Fakultät umgeformt werden zu

$$\frac{\partial}{\partial k} \ln [(k-1)!] = \sum_{j=1}^{k-1} \frac{1}{j} - C,$$

wobei C die EULERsche Konstante ist und den Wert 0,577215 ... hat. Aus der Bestimmungsgleichung, die sich hieraus für $\hat{k}$ ergibt, kann $\hat{k}$ nicht unmittelbar als Funktion der Stichprobenwerte errechnet werden. Doch läßt sich die Größe des Ausdrucks

$$\ln k - \sum_{j=1}^{k-1} \frac{1}{j} + C$$

für die verschiedenen Werte von k einfach ermitteln.

Da die Bestimmungsgleichungen für die Größe $\hat{k}$ für ERLANG-Verteilung und Gamma-Verteilung die gleichen sind, können auch die Tabellen, die zur Ermittlung des Schätzwertes für die Gamma-Verteilung existieren, benutzt werden (GREENWOOD und DURAND [9]; MASUYAMA und KUROIWA [18]).

Eine Näherungsformel zur Ermittlung des Schätzwertes $\hat{k}$ geben GREENWOOD und DURAND ([9], S. 63) für die Gamma-Verteilung an, die wie folgt geschrieben werden kann:

$$\hat{k} \approx 0{,}5001/y - 0{,}0544\,y + 0{,}1649 \quad \text{für} \quad 0 < y \leqq 0{,}5772,$$

wobei

$$y = \ln \bar{t} - \frac{1}{n} \sum_{i=1}^{n} \ln t_i$$

ist.

In praktischen Beispielen wird ein aus diesen Gleichungen ermittelter Schätzwert für den Parameter k der ERLANG-Verteilung selten eine ganze Zahl oder eine nur wenig hiervon abweichende Zahl ergeben. Bezeichnet man die zu $\hat{k}$ nächstniedrige ganze Zahl mit k_u und die nächsthöhere mit k_o, so gilt

$$k_u \leqq \hat{k} \leqq k_u + 1 = k_o.$$

Es erhebt sich bei der Bestimmung eines Schätzwertes für den Parameter k die Frage, ob ein gebrochener Wert $\hat{k}$ auf- oder abgerundet werden muß, um den optimalen ganzzahligen Schätzwert $\hat{k}$ zu erhalten. Sie ist relativ einfach zu lösen, indem für die beiden in Frage kommenden Grenzwerte k_u und k_o jeweils der Wert der Maximum-Likelihood-Funktion errechnet wird. Derjenige Grenzwert, der den höheren Wert der Funktion liefert, wird dann als ganzzahliger Schätzwert für den Parameter k der ERLANG-Verteilung verwandt.

Durch Vergleichen der beiden Beziehungen

$$\ln L(\hat{a}, k_u) = k_u n \ln(\hat{a} k_u) - n \ln \Gamma(k_u) + (k_u - 1) \sum_{i=1}^{n} \ln t_i - \hat{a} k_u \sum_{i=1}^{n} t_i$$

und

$$\ln L(\hat{a}, k_o) = k_o n \ln(\hat{a} k_o) - n \ln \Gamma(k_o) + (k_o - 1) \sum_{i=1}^{n} \ln t_i - \hat{a} k_o \sum_{i=1}^{n} t_i$$

ergibt sich, daß der Wert der Differenz

$$\ln L(\hat{a}, k_u) - \ln L(\hat{a}, k_o)$$

als Bestimmungsgröße für die Wahl eines ganzzahligen Schätzwertes $\hat{k}_g$ verwandt werden kann. Und zwar gilt:

$$\hat{k}_g = \begin{cases} k_u & \text{für} \quad \ln L(\hat{a}, k_u) - \ln L(\hat{a}, k_o) \geqq 0, \\ k_o & \text{für} \quad \ln L(\hat{a}, k_u) - \ln L(\hat{a}, k_o) \leqq 0. \end{cases}$$

Für die Differenz ergibt sich der Ausdruck

$$n(k_u + 1) \ln \frac{k_u}{k_u + 1} + n + n \ln \bar{t} - \sum_{i=1}^{n} \ln t_i.$$

Hieraus folgt als neue Bestimmungsgleichung für $\hat{k}_g$:

$$\hat{k}_g = \begin{cases} k_u & \text{für} \quad (k_u + 1) \ln \dfrac{k_u + 1}{k_u} - 1 \leqq \ln \bar{t} - \dfrac{1}{n} \sum\limits_{i=1}^{n} \ln t_i, \\ \\ k_o & \text{für} \quad (k_u + 1) \ln \dfrac{k_u + 1}{k_u} - 1 \geqq \ln \bar{t} - \dfrac{1}{n} \sum\limits_{i=1}^{n} \ln t_i. \end{cases}$$

Die linke Seite der beiden Ungleichungen stellt den Grenzpunkt für den Übergang von k_u auf k_o dar. Für die verschiedenen ganzzahligen Werte k können Bereiche für die aus der Stichprobe zu ermittelnde Größe

$$y = \ln \bar{t} - \frac{1}{n} \sum_{i=1}^{n} \ln t_i$$

angegeben werden, in denen diese Werte k jeweils den ganzzahligen Schätzwert für den Parameter k darstellen. Solche Bereiche sind in der folgenden Tabelle für einige Werte von k angegeben.

Tab. 1 Maximum-Likelihood-Schätzwerte für den Parameter k der ERLANG-*Verteilung in Abhängigkeit von*

$$y = \ln \bar{t} - \frac{1}{n} \sum_{i=1}^{n} \ln t_i$$

y	$\hat{k}_g$
über 0,3863	1
0,3863–0,2164	2
0,2164–0,1507	3
0,1507–0,1157	4
0,1157–0,0939	5
0,0939–0,0791	6
0,0791–0,0683	7
0,0683–0,0600	8
0,0600–0,0536	9
0,0536–0,0484	10

Die Schätzung des Parameters k nach dem Maximum-Likelihood-Verfahren ergibt zwar gute Näherungswerte, doch ist andererseits ihre Handhabung für die praktische Anwendung ungünstig. Das Ermitteln der natürlichen Logarithmen aller Einzelwerte oder Klassenmitten ist aufwendig und bei klassifizierten Merkmalen mit großer Klassenbreite zudem ungenau. Da

$$\sum_{(i)} \ln t_i = \ln \prod_{(i)} t_i$$

ist, läßt sich jedoch in bestimmten Fällen die Rechnung vereinfachen, indem zunächst das Produkt der Einzelwerte gebildet wird.

6.2 Schätzung nach dem Verfahren der kleinsten Quadrate und nach der Momenten-Methode

Neben der Maximum-Likelihood-Methode stellt das sogenannte Verfahren der kleinsten Quadrate ein günstiges und allgemein angewandtes Schätzverfahren dar. Als Kriterium für die Anpassung dient die Summe der quadrierten Abweichungen der Einzelwerte vom Erwartungswert m,

$$Q = \sum_{i=1}^{n} (t_i - m)^2 .$$

Ein Schätzwert für die in m enthaltenen Parameter des Verteilungsgesetzes ergibt sich aus der Forderung, daß diese Summe minimal wird. Da der Erwartungswert der ERLANG-Verteilung $m = 1/a$ beträgt, folgt als Schätzwert nach den Regeln der Differentialrechnung wiederum

$$\hat{a} = \frac{1}{\bar{t}} .$$

Aus dieser Beziehung ist kein Schätzwert für den Parameter k zu bestimmen.
Die Momentenmethode wird im allgemeinen dann angewandt, wenn das Maximum-Likelihood-Verfahren und das Verfahren der kleinsten Quadrate versagen oder numerisch zu aufwendig sind. Ihre Schätzwerte sind in manchen Fällen weniger gut als die der anderen Verfahren. Als Schätzung setzt man die theoretischen Momente μ_j als Funktionen der zu schätzenden Parameter Θ gleich den empirischen Momenten m_j.

$$\mu_j = \mu_j(\Theta_1, \Theta_2, \ldots, \Theta_r) \qquad j = 1, 2, \ldots, r$$

$$\mu_j(\hat{\Theta}_1, \hat{\Theta}_2, \ldots, \hat{\Theta}_r) = m_j$$

Die theoretischen Momente μ_j der ERLANG-Verteilung haben, wie bereits hergeleitet worden ist, die Gleichung

$$\mu_j = \frac{1}{(a k)^j} \prod_{i=0}^{j=1} (k + i).$$

Die empirischen Momente sind durch die Formel

$$m_j = \frac{1}{n} \sum_{i=0}^{n} t_i^j$$

gegeben. Da bei der ERLANG-Verteilung zwei Parameter geschätzt werden müssen, sind zwei Momente zu vergleichen. Das Moment μ_1 wird durch den Mittelwert $\bar{t}$ der Stichprobe geschätzt, woraus wiederum die Schätzung $\hat{a} = 1/\bar{t}$ folgt. Das zweite Moment stellt die Varianz bezogen auf den Nullpunkt dar; es gilt

$$\mu_2 = \sigma^2 + \mu_1^2 = \frac{k+1}{a^2 k}.$$

Hieraus folgt

$$\hat{\mu}_2 = \frac{\hat{k}+1}{\hat{a}^2 \hat{k}} = s^2 + \bar{t}^2$$

und damit

$$\hat{k} = \frac{\bar{t}^2}{s^2},$$

wobei s^2 die Streuung der empirischen Werte bezogen auf den Mittelwert $\bar{t}$ ist.
Die Momentenmethode ergibt also einen anderen Schätzwert für k als das Maximum-Likelihood-Verfahren. Der Vorteil dieser Schätzung für k liegt in der Einfachheit der numerischen Berechnung.
Für die Anwendung in der industriellen Praxis bietet die Momentenmethode den Vorteil, daß Mittelwert und Varianz empirischer Daten graphisch ermittelt werden können. Die Handhabung beispielsweise des Wahrscheinlichkeitspapieres dürfte vielen Technikern und Zeitstudienmännern bekannt sein. Im Ausland gibt es Wahrscheinlichkeitspapier für die χ^2-Verteilung, daß für die ERLANG-Verteilung übernommen werden könnte. Auch das Verfahren von SAUER und WIX [26] für die logarithmische Normalverteilung liefert in vielen Fällen hinreichend genaue Werte für die Parameter der ERLANG-Verteilung.
Zu einer groben, größenordnungsmäßigen Schätzung des Parameters k können auch andere Stichprobengrößen dienen, beispielsweise der Modalwert, oder die maximale Häufigkeit der empirischen Werte. Hierzu ist es im allgemeinen erforderlich, sich an Hand der empirischen Verteilung ein Bild vom möglichen Verlauf der theoretischen Funktion zu machen. Mit den aus der Stichprobe ermittelten Größen kann man aus den Abb. 6 und 7 Näherungswerte für die Schätzwerte $\hat{k}$ entnehmen, wobei der Wert $\hat{a}$ bekannt sein muß. Bei bekanntem $\hat{k}$ kann ein Näherungswert für $\hat{a}$ gefunden werden.
Bei vielen praktischen Problemen wird man sich mit Vorteil der Möglichkeit bedienen, bei bekanntem Schätzwert $\hat{a}$ einen Wert für $\hat{k}$ mit Hilfe des Modalwertes zu finden.

Ersetzt man den theoretischen Modalwert t_m durch den empirischen Modalwert M, so folgt

$$\hat{k} \approx \frac{\bar{t}}{\bar{t} - M}.$$

Diese Schätzung für k ist recht einfach durchzuführen und liefert in vielen Fällen, insbesondere bei kleinen Werten von k, einen brauchbaren Schätzwert.

7. Die Erzeugung von Erlang-verteilten Zufallszahlen

Bei praktischen wie auch bei theoretischen Untersuchungen kann sich die Notwendigkeit oder der Wunsch ergeben, den ERLANG-Prozeß als mathematischen Zufallsprozeß nachzuahmen, d. h. zu simulieren. Im Rahmen der Warteschlangentheorie ist die Simulation von ERLANG-Prozessen recht oft erforderlich. Denn zum einen gibt es noch relativ wenige Lösungen zu Modellen, die ERLANG-verteilte Zwischenankunfts- oder Bedienungszeiten voraussetzen, und zum anderen sind viele Beziehungen der bereits vorliegenden Lösungen für den praktischen Gebrauch zu kompliziert und in der Durchrechnung zu zeitraubend. Mit Hilfe eines Digitalrechners kann die gegebene, reale Warteschlangensituation Schritt für Schritt nachgeahmt und gleichzeitig statistisch ausgewertet werden. Hierzu benötigt man eine große Mengen von Zahlenwerten, die die Zwischenankunftszeiten oder die Bedienungszeiten als ERLANG-verteilte Zufallsvariable repräsentieren.

Zur Erzeugung von Zufallszahlen, die einem bestimmten Verteilungsgesetz gehorchen, bedient man sich im allgemeinen des Satzes der mathematischen Statistik: »Wenn die zufällige Größe ξ die Verteilungsdichte $f(x)$ besitzt, so ist die Zufallsgröße

$$\eta = \int_{-\infty}^{\xi} f(x)\, dx$$

im Intervall (0,1) gleichverteilt« (BUSLENKO und SCHREIDER [2], S. 36). Die Ermittlung von Zufallszahlen t_i mit der Dichtefunktion $f(t)$ besteht demnach in der Lösung der Gleichung

$$\int_{0}^{t_i} f(t)\, dt = r_i,$$

in der r_i eine gleichverteilte Zufallszahl mit dem Definitionsbereich

$$0 \leqq r_i \leqq 1$$

darstellt. Bei mathematisch einfach zu handhabender Integration läßt sich t_i aus dieser Definitionsgleichung unmittelbar als Funktion von r_i angeben. Die Vorgehensweise zur Lösung obiger Gleichung sei für die ERLANG-Verteilung kurz dargelegt.

Zur graphischen Ermittlung von Zufallszahlen beispielsweise zeichnet man die Verteilungsfunktion der ERLANG-Verteilung auf und bestimmt aus diesem Diagramm die zu einer rechteckverteilten Zufallszahl r_i gehörende Größe t_i auf der Abszisse. So ergibt sich für die Zufallszahl $r = 0{,}64$ als ERLANG-verteilte Zufallsgröße ($a = 2$; $k = 3$) der Wert $t = 0{,}55$ (Abb. 12).

Zur Vereinfachung können die Werte r_i und die zugeordneten Werte t_i auch in Tabellen erfaßt werden. Die genauigkeit der ERLANG-verteilten Zufallszahlen hängt dabei insbesondere von der Zahl der Klassen bzw. von der Klassenbreite ab.
Bei der ERLANG-Verteilung bietet sich die Möglichkeit an, die Zufallszahlen t_i in funktionaler Abhängigkeit von r_i anzugeben. Dazu bedient man sich der Tatsache, daß eine ERLANG-verteilte Zufällige aus mehreren exponentialverteilten Zufälligen besteht. Bezeichnet man die entsprechend einer ERLANG-Verteilung mit k Phasen verteilte Zufallszahl mit t_i und die exponentialverteilte Zufallszahl mit $t_{\exp}$, so gilt

$$t_i = \sum_{j=1}^{k} t_{\exp j}.$$

Diese Formulierung entspricht inhaltlich dem aus der Mathematik bekannten Theorem: Sind die zufälligen Größen x_1 und x_2 unabhängig voneinander gammaverteilt mit den Parametern k_1 und k_2, so genügt die Summe $x_1 + x_2$ einer Gamma-Verteilung mit dem Parameter $k_1 + k_2$.
Zur Erzeugung exponentialverteilter Zufallszahlen kann man sich zweier Verfahren bedienen (vgl. GALLIHER [8], S. 237; JÖHNK [12], S. 11). Zum einen ergeben sich zufällige Größen, die der Dichtefunktion der Exponentialverteilung

$$f(t) = ae^{-at}$$

gehorchen, nach dem Bildungsgesetz

$$t_{\exp i} = -\frac{1}{a} \ln (1 - r_i),$$

wobei r_i wiederum eine rechteckverteilte Zufallszahl ($0 \leqq r_i \leqq 1$) ist. Diese Gleichung ergibt sich aus der Beziehung

$$F(t_i) = \int_0^{t_i} ae^{-at}\,dt = 1 - e^{-at_i} = r_i.$$

Es läßt sich zeigen, daß die Werte $1 - r_i$ ebenfalls gleichverteilt sind, so daß diese Differenz durch den Wert r_i ersetzt werden kann. Als funktionale Beziehung zwischen der exponentiellen Zufallszahl $t_{\exp i}$ und der gleichverteilten Zufallszahl r_i ergibt sich also

$$t_{\exp i} = -\frac{1}{a} \ln r_i.$$

Unter Berücksichtigung der in dieser Arbeit verwandten und in der Literatur üblichen Schreibweise der ERLANG-Verteilung folgt als Bestimmungsgleichung für die ERLANG-verteilte Zufallszahl

$$t_i = -\frac{1}{ak} \ln (r_1 r_2 \ldots r_k) = -\frac{1}{ak} \sum_{j=1}^{k} \ln r_j.$$

An Stelle des Minuszeichens können auch Betragszeichen verwandt werden.
Die Lösung dieser relativ einfachen Beziehung auf einer Datenverarbeitungsanlage ist zeitraubend, weil eine Menge von Rechenoperationen erforderlich ist. Deshalb begnügt man sich des öfteren mit Näherungen. Beispielsweise kann die logarithmische oder exponentielle Funktion durch Geradenstücke approximiert werden. So geben BUSLENKO und SCHREIDER ([2], S. 142) ein Näherungsverfahren für kleine Erwartungswerte der Exponentialverteilung (kleiner etwa 0,5) an. Wenn der zur Simulation verwandte

Rechner exponentialverteilte Zufallszahlen schnell erzeugen kann, ist obige Summationsformel günstig, sonst empfiehlt sich, ein Näherungsverfahren zu verwenden.
Zum anderen lassen sich exponentialverteilte Zufallszahlen nach einem von v. NEUMANN entwickelten Verfahren erzeugen. Hiernach werden solange rechteckverteilte Zufallszahlen gebildet, bis eine Zahl r_j auftritt, die größer ist als die voraufgehende Zahl. Ist nun j eine ungerade Zahl, dann werden weitere Serien gleichverteilter Zufallsgrößen erzeugt, bis erstmals ein gerader Wert j vorliegt. Ist ein gerader Wert j gefunden, so addiert man die Anzahl der Wiederholungen zu der ersten Zufallszahl der letzten Serie. Diese Summe stellt dann eine Zufallszahl x mit der Verteilungsdichte

$$f(x) = e^{-x}$$

dar. Bezeichnet m die Anzahl der Serien und r_m die erste gleichverteilte Zufallszahl der m-ten Serie, so gilt demnach

$$x = m - 1 + r_m.$$

Durch die Transformation $x = akt$ folgt als Bestimmungsgleichung für eine exponentialverteilte Zufallszahl (Erwartungswert $1/(ak)$)

$$t_i = \frac{1}{ak}(m - 1 + r_m).$$

Alle angeführten Verfahren zur Erzeugung von ERLANG-verteilten Zufallszahlen basieren auf der Kenntnis von rechteckverteilten Zufallszahlen. Auf deren Erzeugung wird im Rahmen dieser Ausführungen nicht weiter eingegangen. Es sei jedoch darauf hingewiesen, daß verschiedene Tafelwerke auch Tabellen mit rechteckverteilten Zufallszahlen enthalten, die für Untersuchungen geringen Umfangs ausreichen. In Verbindung mit Elektronenrechnern wird meist ein sogenannter Zufallszahlengenerator benutzt; als solcher können z. B. spezielle Rechenprogramme, gespeicherte Werte von Zufallszahlentabellen oder das Eigenrauschen einer Elektronenröhre fungieren.
Für die Ermittlung von ERLANG-verteilten Zufallszahlen ist es interessant zu wissen, wie viele rechteckverteilte Größen benötigt werden, um eine ERLANG-verteilte Größe zu erhalten. Bei der erstgenannten Methode liefert jede Zahl r_i eine Zufallszahl t_i (vgl. Abb. 12). Beim zweiten Verfahren entsteht aus k Größen r_i eine Zufallszahl t_i. Das dritte Verfahren (v. NEUMANN) erfordert nach Angabe von JÖHNK ([12], S. 12) im Durchschnitt etwa 4,3 k rechteckverteilte Zahlen für die Erzeugung einer ERLANG-verteilten Zufallszahl.

8. Tabellen für Dichte- und Verteilungsfunktion der Erlang-Verteilung

Obwohl die ERLANG-Verteilung in der Warteschlangentheorie eine große Bedeutung erlangt hat, gibt es bisher noch keine ausführlichen Tabellen mit Werten ihrer Dichte- oder Verteilungsfunktion. Da die Bestimmungsgleichungen verhältnismäßig kompliziert sind, ist die Anwendung der ERLANG-Verteilung bei praktischen Problemen erschwert. Deshalb ist in Verbindung mit der vorliegenden Studie über die ERLANG-Verteilung eine Tabelle größeren Umfangs erstellt worden.

8.1 Vorhandene Tabellen

In Veröffentlichungen zur Warteschlangentheorie finden sich im allgemeinen keine Tabellen mit Werten von Dichte- oder Summenfunktion der ERLANG-Verteilung. MORSE ([20], S. 187–191) hat jedoch beide Beziehungen für einige Werte von k tabelliert. Und zwar ist zum einen die Dichtefunktion in der Form

$$\frac{k}{(k-1)!}(kx)^{k-1}e^{-kx}$$

angegeben für die Werte

$$k = 1; 2; 3; 4; 6; 8; 10; 12; 16 \text{ und } 20,$$

d. h. in der üblichen abgekürzten Schreibweise

$$k = 1(1)\,4(2)\,12(4)\,20,$$

und für die Variable x zwischen 0 und 2 bei einer Schrittweite von 0, 1.
Zum anderen hat MORSE eine Tabelle für die Größen

$$e_k(x) = \frac{x^k}{k!}e^{-x},$$

$$E_m(x) = \sum_{n=0}^{m} e_n(x),$$

$$D_{k-1}(x) = \frac{1}{k}\sum_{n=0}^{k-1} E_n(kx)$$

erstellt. m kann dabei die Werte $k-2$, $k-1$, k und $k+1$ annehmen. Folgende Beziehungen zur ERLANG-Verteilung mit k Phasen gelten:

1. Dichtefunktion: $f(t) = ak e_{k-1}(kx)$
   $= ak\,[E_{k-1}(kx) - E_{k-2}(kx)]$,
2. Verteilungsfunktion: $F(t) = 1 - E_{k-1}(kx)$,
3. Wahrscheinlichkeit, daß in einem zufälligen Zeitabschnitt t kein Ereignis (Ankunft, Ende einer Bedienung) eintritt:
   $$D_{k-1}(kx).$$

In diesen Gleichungen ist $x = at$ zu setzen.
Infolge der Verwandtschaft der ERLANG-Verteilung zur PEARSON-Typ-III-Verteilung und zur Gamma-Verteilung können die für diese Verteilungen vorliegenden Tabellen ebenfalls benutzt werden. Als Beispiel sei auf die Tabellen von SALVOSA [23] hingewiesen, die Werte der Dichtefunktion, der Verteilungsfunktion und der ersten bis sechsten Ableitung der PEARSON-Typ-III-Verteilung mit der Dichtefunktion

$$f(x) = c\left(1 + \frac{d}{2}x\right)^{\frac{4}{d^2}-1} e^{-\frac{2}{d}x}$$

– c und d sind Konstanten – enthalten. Die Werte sind für die Variable x in einem Bereich von $-5{,}5$ bis $+10{,}0$ (teils größer) und für verschiedene Maßzahlen der Schiefe zwischen 0 und 1,1 tabelliert.
Die Verteilungsfunktion der Gamma-Verteilung, die in der Statistik als »unvollständige Gamma-Funktion« große Bedeutung erlangt hat, ist verschiedentlich tabelliert worden.

Hingewiesen sei vor allem auf das Tabellenwerk von Pearson ([23], Tab. I), das Werte der Funktion

$$\frac{1}{\Gamma(p+1)} \int_0^{u\sqrt{p+1}} v^p e^{-v} dv$$

für

$$p = 0{,}0\,(0{,}1)\,5{,}0\,(0{,}2)\,50$$

und

$$u = 0{,}0\,(0{,}1)\,17$$

enthält. Die Werte dieser Integralfunktion sind auf 7 Dezimale genau angegeben.
Wilk, Gnanadesikan und Huyett [29] haben Werte der Summenfunktion der Gamma-Verteilung in der Form

$$F(t) = \frac{1}{\Gamma(k)} \int_0^t x^{k-1} e^{-x} dx$$

für Werte k von 1 bis 22 tabelliert. Und zwar haben sie die Abszissenwerte zu 31 Werten der Verteilungsfunktion zwischen 0,1% und 99,9% ermittelt.
Die formale Übereinstimmung zwischen den Gleichungen der Erlang-Verteilung und der Poisson-Verteilung läßt erkennen, daß Tabellen der Poisson-Verteilung zur Ermittlung von Werten der Erlang-Verteilung anwendbar sind. Als ausführliche Tabellenwerke für die Poisson-Verteilung seien die Tabellen von Molina [19] und Haight [11a] angeführt.
Abschließend sei noch auf Nomogramme zur Ermittlung von Werten der Gamma-Verteilung oder χ^2-Verteilung (z. B. Smirnow und Potapov [27]) sowie auf die Rechenprogramme von Whittlesey [33] hingewiesen.

8.2 Erläuterungen zur Tabelle im Anhang

Die zuvor angeführten Tabellen weisen bei der Ermittlung von Werten der Erlang-Verteilung Mängel auf. Zum einen ist bei den meisten Tabellen der Umfang hinsichtlich der Werte k, der Schrittweite der Variablen und/oder der Stellenzahl der Tabellenwerte gering. Zum anderen ist die Umrechnung bei einigen Transformationen erschwerend. Während Werte von Dichte- oder Summenfunktion der Erlang-Verteilung für kleine Werte k noch relativ einfach von Hand ermittelt werden können, ist dies für hohe Werte k nicht mehr der Fall.
Mit Hilfe eines Digitalrechners sind Werte der Dichte- und Verteilungsfunktion der Erlang-Verteilung errechnet und tabelliert worden. Dabei ist die Dichtefunktion $f(t)$ der Erlang-Verteilung umgeformt worden zu

$$f(t) = a h(at),$$

wobei

$$h(x) = \frac{k^k}{(k-1)!} x^{k-1} e^{-kx}$$

ist. Die Funktion $h(at)$ kann nun für verschiedene Werte von k und at tabelliert werden. Solche Tabellen sind im Anhang zusammengestellt. Die Beziehung

$$f(t) = a h(at)$$

ist die Bestimmungsgleichung für die Dichtefunktion der Erlang-Verteilung. Sie bedeutet: der Ordinatenwert der Dichtefunktion mit den Parametern a und k entspricht dem für diesen k-Wert tabellierten Funktionswert $h(at)$ multipliziert mit dem Wert a.

Ein Vorteil der Transformation $at = x$ ist auch darin zu sehen, daß der Erwartungswert der Dichtefunktion bei $at = 1$ liegt und daher ein gleichbleibender Bereich für at tabelliert werden kann.
Durch eine analoge Transformation erhält die Summenfunktion der ERLANG-Verteilung die Form

$$F(t) = \frac{k^k}{(k-1)!} \int_0^t (ax)^{k-1} e^{-akx} a\,dx$$

$$= \frac{k^k}{(k-1)!} \int_0^{at} y^{k-1} e^{-ky} dy.$$

Sie kann demnach als

$$F(t) = H(at)$$

ebenfalls in Abhängigkeit vom Produkt at für die verschiedenen Werte k tabelliert werden.
In den Tabellen im Anhang sind die Werte von Dichte- und Verteilungsfunktion der ERLANG-Verteilung angegeben für die Variable at im Bereich von 0 bis 5 mit einer Schrittweite von 0,05 für alle ganzzahligen Werte k von 1 bis 14 und mit einer Schrittweite von 0,025 für k von 15 bis 25. Eine zusätzliche Begrenzung besteht darin, daß keine Werte at tabelliert sind, für die $h(at) < 10^{-5}$ ist. Die Werte $f(0)$ und $F(0)$ werden nicht in der Tabelle aufgeführt, weil sie stets Null sind,

$$f(0) = F(0) = 0$$

Als Beispiel für die Verwendung der Tabelle sei die Ermittlung der Werte von Dichte- und Summenfunktion der ERLANG-Verteilung mit $1/a = 1{,}25$ und $k = 4$ für $t = 1{,}5$ aufgezeigt.

$$\begin{aligned} f(t) &= a\,h(at) \\ f(1{,}5) &= 0{,}8\,h\,(0{,}8 \cdot 1{,}5) \\ &= 0{,}8 \cdot 0{,}0606763 = 0{,}04836 \end{aligned}$$

Bei einer Klassenbreite von Δt liegen bei der Klassenmitte $t = 1{,}5$ also etwa 4,836 Δt% aller Werte.

$$\begin{aligned} F(t) &= H(at) \\ F(1{,}5) &= H(1{,}2) = 0{,}70577 \end{aligned}$$

Bis zum Wert $t = 1{,}5$ liegen demnach 70,577% aller Einzelwerte, und die Wahrscheinlichkeit, daß ein Wert t höchstens 1,5 ist, beträgt 0,70577.
Beim Interpolieren zwischen vorliegenden Abszissenwerten at verringert sich die Genauigkeit der Ordinatenwerte.

9. Zusammenfassung

Der ERLANG-Verteilung kommt für betriebliche Planungsaufgaben bei Verwendung der Warteschlangentheorie eine besondere Bedeutung zu. Denn viele der in der Praxis vorliegenden empirischen Zeitverteilungen weisen eine von der Exponentialverteilung abweichende Form auf, lassen sich jedoch an die ERLANG-Verteilung anpassen. In der Literatur liegen verschiedene Beispiele aus dem industriellen Bereich vor, so von unregelmäßigen Vorgängen bei Mehrstellenarbeit und beim innerbetrieblichen Transport. Die beiden Verteilungsparameter der ERLANG-Verteilung hängen funktional mit Lage- und Streuungsparametern zusammen und bedingen daher eine große Variabilität der Verteilungsform. Das Aufbauen und Lösen der Gleichungen von Warteschlangenmodellen mit ERLANG-verteilten Zeiten wird vielfach durch die Verwandtschaft der ERLANG-Verteilung zur Exponentialverteilung erleichtert.

In der Arbeit wird zunächst die Dichtefunktion der ERLANG-Verteilung auf unterschiedlichen Wegen abgeleitet, so daß ihre Eigenarten gut zu erkennen sind. Die Herleitungen beruhen darauf, daß eine ERLANG-verteilte Variable die Summe von mehreren exponentialverteilten Variablen darstellt. Als Bestimmungsgleichung ergibt sich ein Mehrfachintegral, das schrittweise oder vereinfacht – z. B. mit Hilfe der mathematischen Gesetze von Faltung oder LAPLACE-Transformation – lösbar ist. Für die betriebliche Anwendung sind außer der Dichtefunktion zudem die Verteilungsfunktion und verschiedene Parameter bezüglich Lage, Streuung und Schiefe der ERLANG-Verteilung von Interesse. Im einzelnen sind die Momente und Kumulanten sowie Schiefe, Exzeß, Zentralwert, Modalwert und maximale Wahrscheinlichkeit behandelt. Die wichtigen mathematischen Beziehungen sind hergeleitet – teils unter Verwendung der erzeugenden oder der charakteristischen Funktion –, graphisch dargestellt und diskutiert.

Die ERLANG-Verteilung ist nicht nur der Exponentialverteilung verwandt, sondern sie kann auch zu Gamma- und PEARSON-Typ-III-Verteilung sowie zur Klasse der allgemeinen ERLANG-Verteilung in funktionale Beziehung gesetzt werden. Für große Werte k stimmt sie näherungsweise mit der Normalverteilung überein. Diese mannigfaltigen Beziehungen unterstreichen die Bedeutung der ERLANG-Verteilung in Statistik und Warteschlangentheorie. Die Zählverteilung des ERLANG-Prozesses, die man bei wahrscheinlichkeitstheoretischen Studien häufig verwendet, wird hergeleitet und ihre Verwandtschaft zur POISSON-Verteilung aufgezeigt.

Um die ERLANG-Verteilung bei betrieblichen Problemen verwenden zu können, müssen ihre Verteilungsparameter geschätzt werden. Die Schätzwerte sind nach den herkömmlichen Verfahren ermittelt worden, wobei auf die Schätzung nach dem Maximum-Likelihood-Prinzip ausführlich eingegangen wird. Hierbei sind außer den Schätzfunktionen selbst in einer Tabelle Bereiche angegeben, in denen ein bestimmter Wert des ganzzahligen Parameters k als optimaler Schätzwert anzusehen ist.

Viele betriebliche Planungs- und Optimierungsprobleme sind vorteilhaft oder ausschließlich durch Simulation zu lösen. Dazu ist es erforderlich, ERLANG-verteilte Zeiten (oder eventuell auch andere Variable) nachzuahmen. Es werden in der Arbeit deshalb verschiedene Möglichkeiten aufgezeigt, ERLANG-verteilte Zufallszahlen graphisch oder rechnerisch (auch auf elektronischen Datenverarbeitungsanlagen) zu erzeugen. Als eine Möglichkeit der rechnerischen Bestimmung ist eine Beziehung angegeben worden, die das Problem auf die Ermittlung exponentialverteilter Zufallszahlen zurückführt. Zu deren Bestimmung sind mehrere Verfahren angeführt.

Die Verwendung der ERLANG-Verteilung bei realen Problemen ist durch das Fehlen umfangreicher Tabellen zu dieser Verteilung erschwert. Als weiteres Hilfsmittel sind deshalb Tabellen erstellt und im Anhang angefügt worden, die Werte von Dichte- und Verteilungsfunktion der ERLANG-Verteilung enthalten. Umfang und Aufbau der Tabellen sind den Erfordernissen der Praxis gemäß festgelegt worden.

10. Literaturverzeichnis

[1] Brockmeyer, E., H. L. Halström und A. Jensen, The life and works of A. K. Erlang. Transactions of the Danish Academy of Techn. Sciences, Kopenhagen, No. 2, 1948 (1960).

[2] Buslenko, N. P., und J. A. Schreider, Die Monte-Carlo-Methode und ihre Verwirklichung mit elektronischen Digitalrechnern. Leipzig 1964.

[3] Cox, D. R., Erneuerungstheorie. München, Wien 1966.

[4] Cox, D. R., und W. L. Smith, Queues. London, New York 1961.

[5] Doetsch, G., Anleitung zum praktischen Gebrauch der Laplace-Transformation. München 1961 (2. Aufl.).

[6] Fisher, R. A., und F. Yates, Statistical tables for biological, agricultural and medical research. Edinburgh, London 1957.

[7] Fisz, M., Wahrscheinlichkeitsrechnung und mathematische Statistik. Berlin 1958.

[8] Galliher, H. P., Simulation of random numbers. In: Notes on Operations Research 1959, S. 231–250. Cambridge 1959.

[9] Greenwood, J. A., und D. Durand, Aids of fitting the gamma distribution by maximum likelihood. Technometrics, Washington, 2 (1960), 1, S. 55–65.

[10] Heinz, N., Untersuchungen zur Ermittlung der kostenoptimalen Anzahl von Transportmitteln beim unregelmäßigen innerbetrieblichen Transport. Diss., Aachen 1967.

[11a] Haight, T. A., Handbook of the Poisson distribution. New York, London, Sydney 1967.

[11b] Haight, F. A., B. F. Whisler und W. W. Mosher, New statistical method for describing highway distribution of cars. Proceedings of the Highway Research Board, Washington, 40 (1961), S. 557–564.

[12] Jöhnk, M. D., Erzeugung von betaverteilten und gammaverteilten Zufallszahlen. Metrika, Wien, Würzburg, 8 (1964), 1, S. 5–15.

[13] Kaufmann, A., und R. Cruon, Les phénomènes d'attente. Paris 1961.

[14] Kendall, D. G., Some problems in the theory of queues. Journal of the Royal Statistical Society, London, Ser. B, 13 (1951), 2, S. 151–185.

[15] Kendall, M. G., und A. Stuart, The advanced theory of statistics. Vol. 1, 2. London 1958, 1961.

[16] Kromphardt, W., R. Henn und K. Förstner, Lineare Entscheidungsmodelle. Berlin, Göttingen, Heidelberg 1962.

[17] Lehmann, S., Anwendbarkeit abgeschlossener Warteschlangenmodelle bei Mehrstellenarbeit. Diss., Aachen 1966.

[18] Masuyama, M., und Y. Kuroiwa, Table for the likelihood solutions of gamma distribution and its medical applications. Reports of statistical application research, Union of Japanese Scientists and Engineers, Tokyo, 1951, Nr. 1, S. 18–23.

[19] Molina, E. C., Tables of Poisson's exponential binomial limit. New York, London 1942 (10. Aufl.).

[20] Morse, P. M., Queues, inventories and maintenance. New York, London 1958.

[21] Nelson, R. T., An empirical study of arrival, service time, and waiting time distributions of a job shop production process. Research Report No. 60, Western Management Science Institute, University of California, Los Angeles, 1959.

[22] Palm, C., Der Einsatz der Arbeitskräfte bei Mehrmaschinenbedienung. Ablauf- und Planungsforschung, München, 6 (1965), 2, S. 281–305.

[23] Pearson, K., Tables of the Incomplete Γ-Function. Cambridge 1946.

[24] Saaty, T. L., Elements of queueing theory. New York, Toronto, London 1961.

[25] Salvosa, L. R., Tables of Pearson's type III function. Annals of math. statistics, Baltimore, 1 (1930), S. 191–198, appended.

[26] Sauer, H., und F. Wix, Graphische Häufigkeitsanalyse für Zeitstudien. Köln, Frankfurt 1960.

[27] Schlaifer, R., Probability and statistics for business decisions. New York, Toronto, London 1959.

[28] Schneeweiss, H., Zur Theorie der Warteschlangen. Zeitschrift für handelswissenschaftliche Forschung, Köln, 12 (1960), 8, S. 471–507.

[29] Smirnow, S. V., und M. K. Potapov, A nomogram for the incomplete Γ-function and the χ^2-probability function. Theory of probability and its applications, Philadelphia, 2 (1957), S. 461–464 (English Transl.).

[30] Smirnow, N. W., und I. W. Dunin–Barkowski, Mathematische Statistik in der Technik. Berlin 1963.

[31] Wedekind, H., Die Bestimmung optimaler Fertigungsbedingungen bei der Mehrmaschinenbedienung. Diss., Darmstadt 1963.

[32] Wilk, B., R. Gnanadesikan und M. J. Huyett, Probability plots for the gamma-distribution. Technometrics, Washington, 4 (1962), 1, S. 1–20.

[33] Whittlesey, J. R. B., Normalized incomplete gamma function with Poisson term (GAMA). – Und: Gamma (a, x)/Gamma (a) + Poisson term in double-precision (GAM 2). – SHARE dist. 1177 (1961) und 1299 (1962), IBM, New York (oder: IBM-SHARE-Bibliothek des Deutschen Rechenzentrums, Darmstadt).

Anhang

Abbildungen

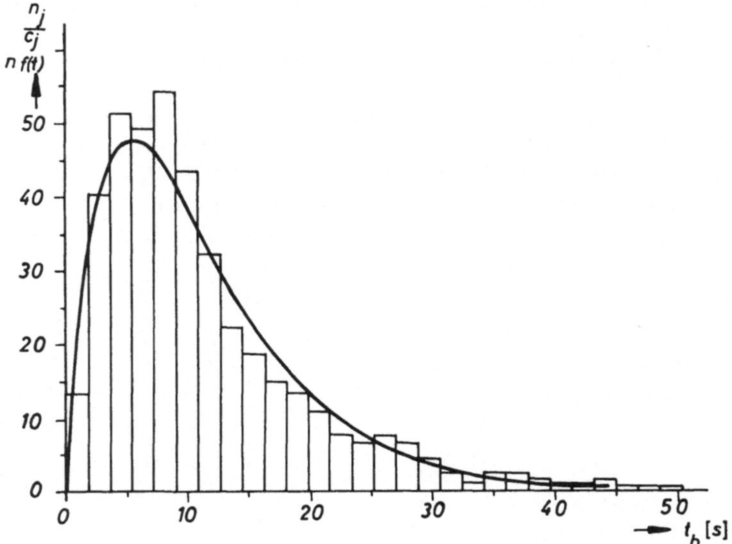

Abb. 1 Häufigkeitsverteilung von Entstörungszeiten an Spezialfräsmaschinen und zugehörige ERLANG-Verteilung ($n = 751$, $c_j = 1{,}8$)

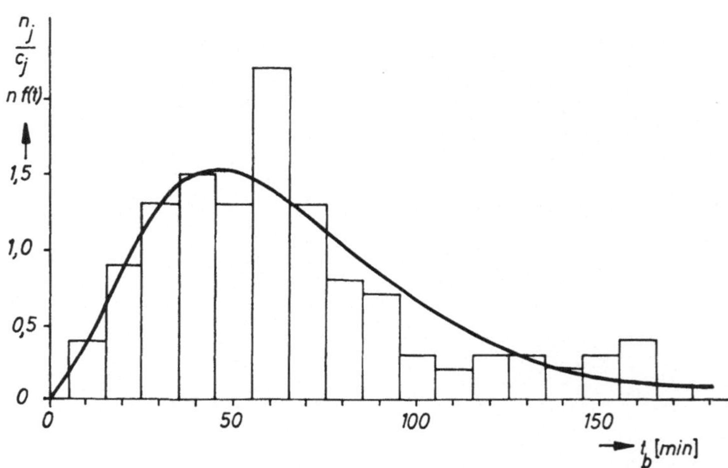

Abb. 2 Häufigkeitsverteilung der Transportzeiten von Elektro- und Dieselkarren und zugehörige ERLANG-Verteilung ($n = 125$, $c_j = 10$)

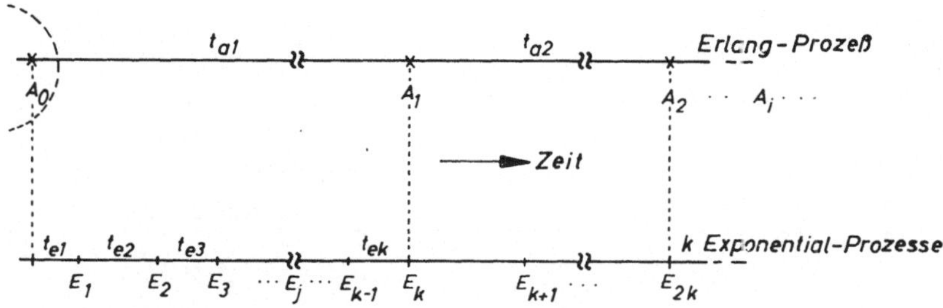

Abb. 3 Schematische Darstellung des ERLANG-Prozesses

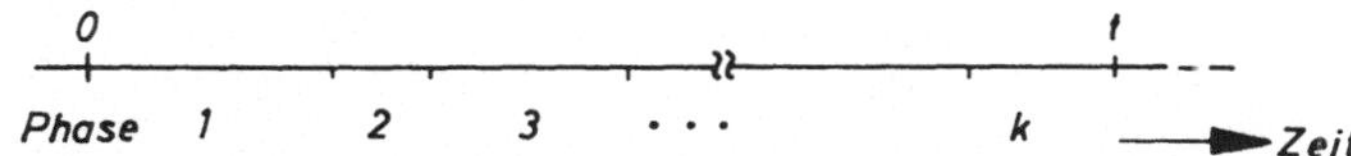

Abb. 4 Aufteilung einer Bedienungszeit t_b in Phasen

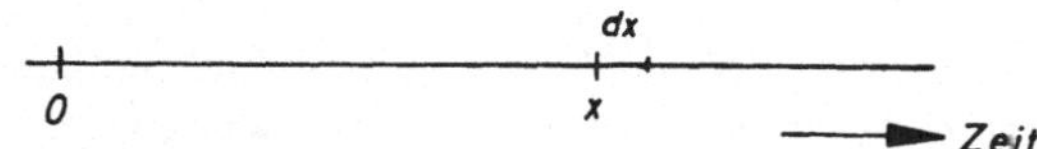

Abb. 5a Darstellung einer Phase

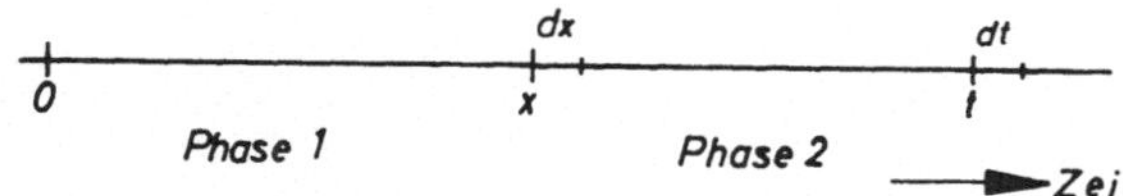

Abb. 5b Aufgliederung einer Zeit in zwei Phasen

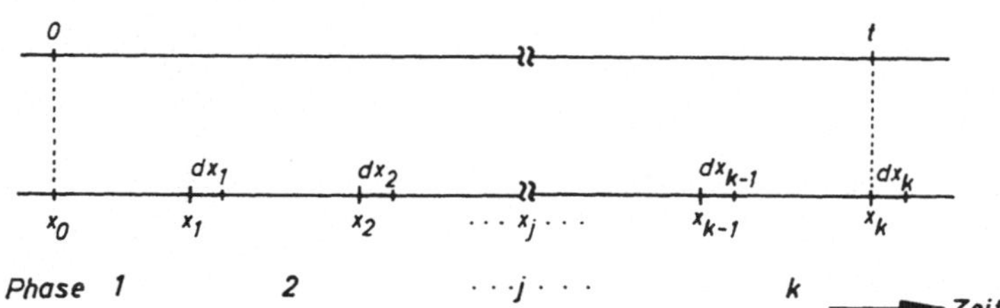

Abb. 5c Aufgliederung einer Zeit in k Phasen

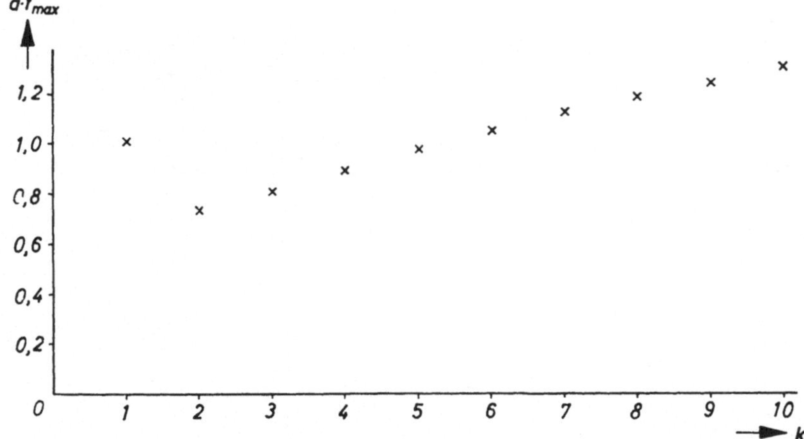

Abb. 6 Die maximale Wahrscheinlichkeit der Dichte der ERLANG-Verteilung für verschiedene Werte k

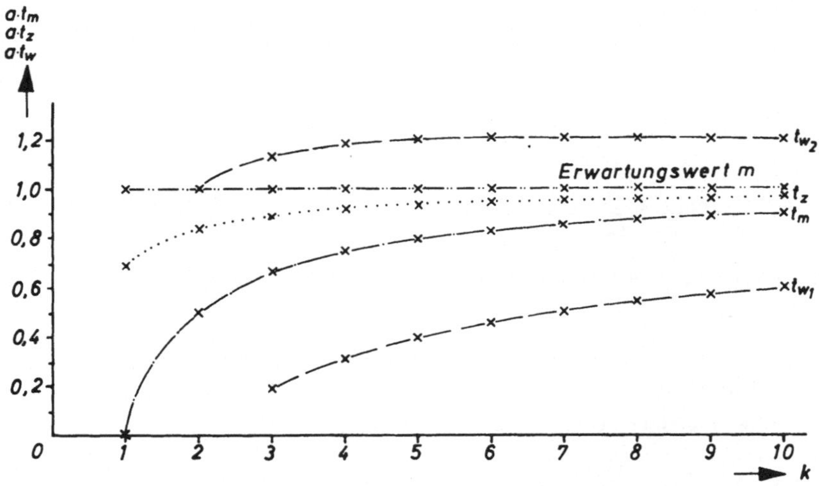

Abb. 7 Modalwert t_m, Zentralwert t_z und Abszissen des Wendepunktes t_{w1}, t_{w2} der Dichtefunktion der ERLANG-Verteilung für verschiedene Werte k

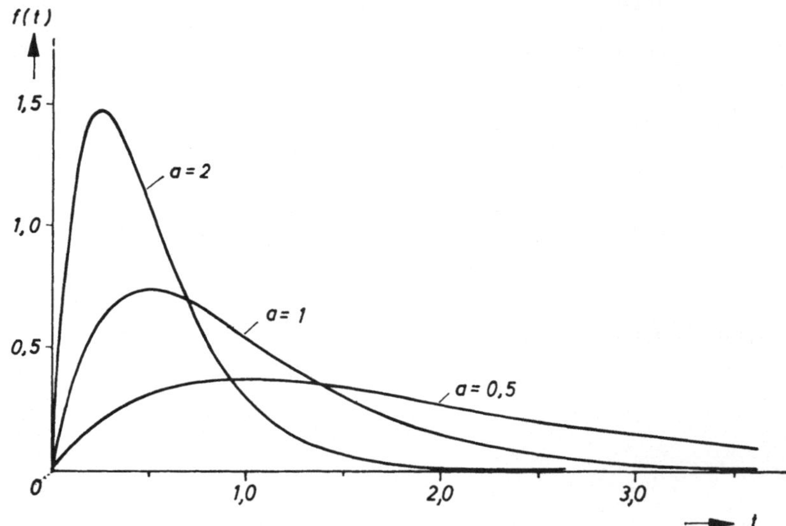

Abb. 8 Dichtefunktion der ERLANG-Verteilung mit $k = 2$ für verschiedene Werte a

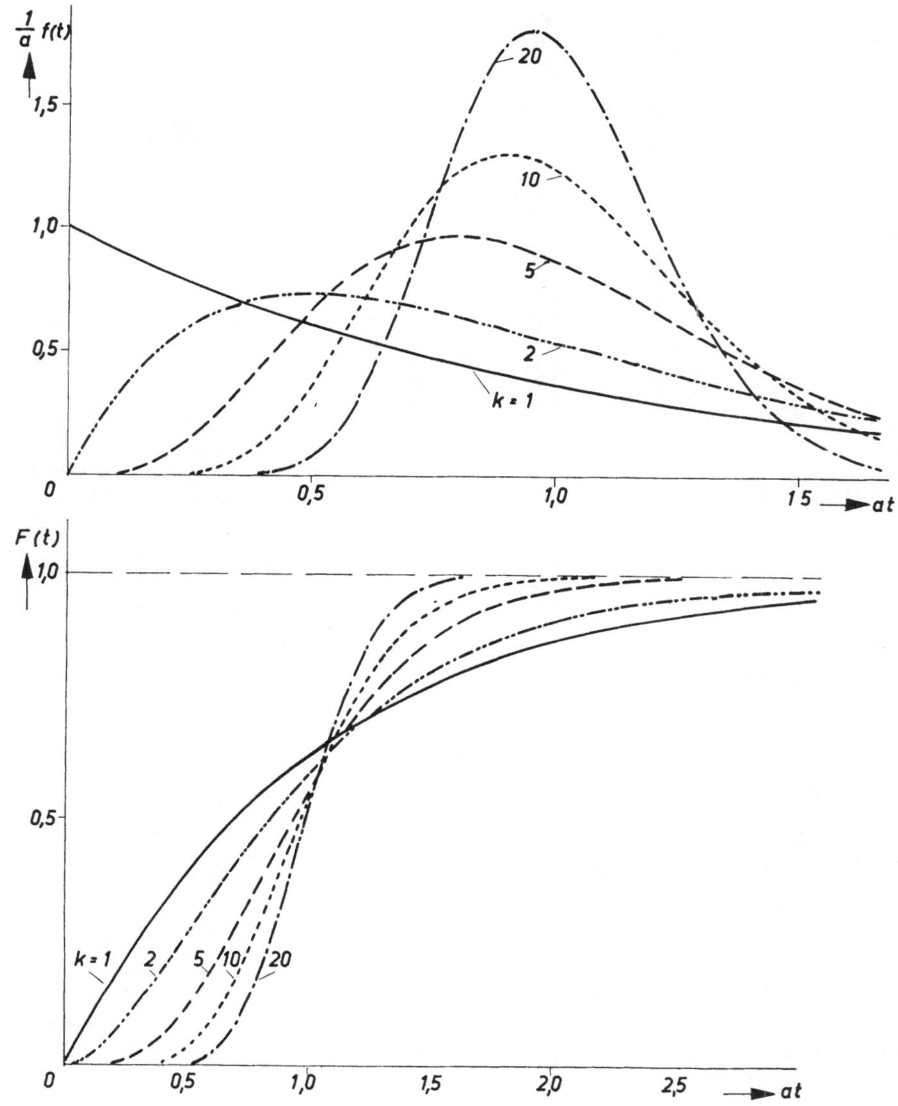

Abb. 9 Dichte- und Verteilungsfunktion der ERLANG-Verteilung für verschiedene Werte k

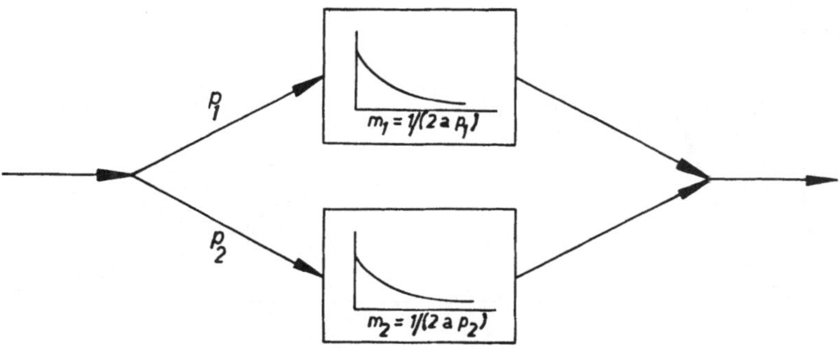

Abb. 10 Schema der Parallelschaltung von zwei exponentialverteilten Phasen

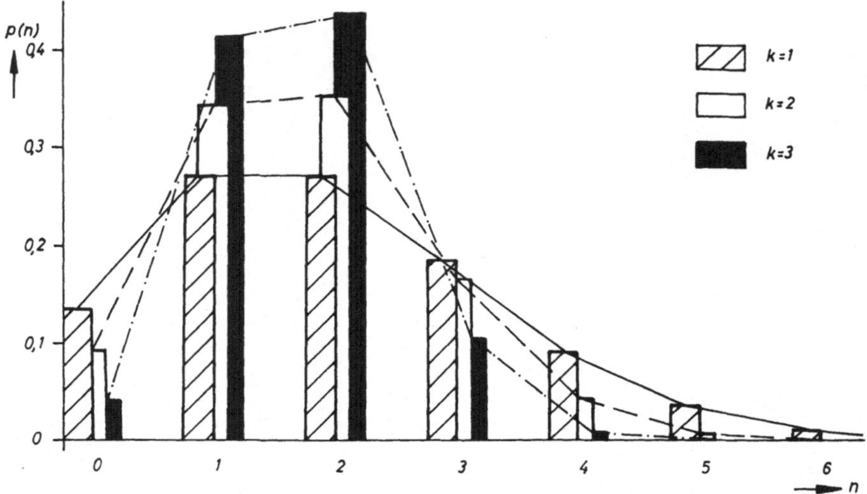

Abb. 11 Die Wahrscheinlichkeitsfunktion der verallgemeinerten POISSON-Verteilung für verschiedene Werte k bei gleichem Erwartungswert

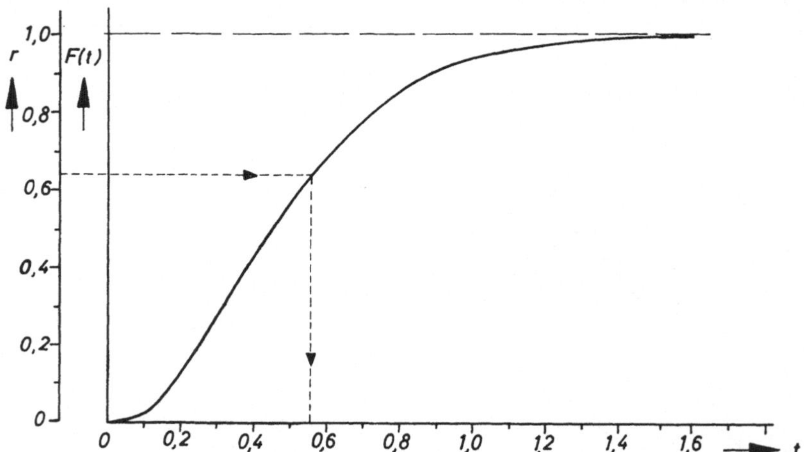

Abb. 12 Die Ermittlung von Zufallszahlen, die einer ERLANG-Verteilung mit $k = 3$ und $a = 2$ gehorchen

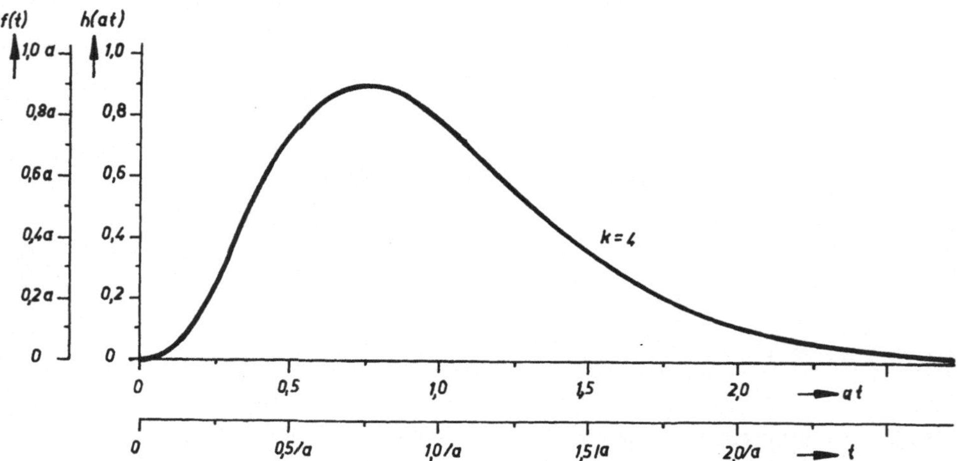

Abb. 13 Der Zusammenhang zwischen der Funktion $h(at)$ und der Dichtefunktion $f(t)$ der ERLANG-Verteilung

Tabellen der Funktionen

$$h(at) = \frac{k^k}{(k-1)!}(at)^{k-1}e^{-k(at)}$$

$$H(at) = \int_0^{at} \frac{k^k}{(k-1)!}\, y^{k-1}e^{-ky}\,dy$$

Umrechnungen:

$$f(t) = a\,h(at)$$

$$F(t) = H(at)$$

k = 1

at	h(at)	H(at)
0.05	0.951230	0.0487693
0.10	0.904838	0.095161
0.15	0.860708	0.139290
0.20	0.818731	0.181267
0.25	0.778801	0.221197
0.30	0.740819	0.259180
0.35	0.704688	0.295310
0.40	0.670320	0.329678
0.45	0.637629	0.362370
0.50	0.606531	0.393467
0.55	0.576950	0.423048
0.60	0.548812	0.451186
0.65	0.522046	0.477952
0.70	0.496586	0.503413
0.75	0.472367	0.527632
0.80	0.449329	0.550669
0.85	0.427415	0.572583
0.90	0.406570	0.593429
0.95	0.386741	0.613257
1.00	0.367880	0.632119
1.05	0.349938	0.650060
1.10	0.332871	0.667127
1.15	0.316637	0.683361
1.20	0.301194	0.698804
1.25	0.286505	0.713493
1.30	0.272532	0.727466
1.35	0.259240	0.740758
1.40	0.246597	0.753401
1.45	0.234570	0.765428
1.50	0.223130	0.776868
1.55	0.212248	0.787750
1.60	0.201897	0.798102
1.65	0.192050	0.807948
1.70	0.182684	0.817315
1.75	0.173774	0.826224
1.80	0.165299	0.834699
1.85	0.157237	0.842761
1.90	0.149569	0.850430
1.95	0.142274	0.857724
2.00	0.135335	0.864663
2.05	0.128735	0.871263
2.10	0.122457	0.877542
2.15	0.116484	0.883514
2.20	0.110803	0.889195
2.25	0.105399	0.894599
2.30	0.100259	0.899739
2.35	0.095369	0.904629
2.40	0.090718	0.909280
2.45	0.086294	0.913705
2.50	0.082085	0.917913
2.55	0.078082	0.921917
2.60	0.074274	0.925725
2.65	0.070651	0.929347
2.70	0.067206	0.932793
2.75	0.063928	0.936070
2.80	0.060810	0.939188
2.85	0.057844	0.942154
2.90	0.055023	0.944975
2.95	0.052340	0.947659

3.00	0.049787	0.950211	6.15	0.002133	0.997865
3.05	0.047359	0.952639	6.20	0.002029	0.997969
3.10	0.045049	0.954949	6.25	0.001930	0.998068
3.15	0.042852	0.957146	6.30	0.001836	0.998162
3.20	0.040762	0.959236	6.35	0.001747	0.998251
3.25	0.038774	0.961224	6.40	0.001662	0.998336
3.30	0.036883	0.963115	6.45	0.001581	0.998418
3.35	0.035084	0.964914	6.50	0.001503	0.998495
3.40	0.033373	0.966625	6.55	0.001430	0.998568
3.45	0.031746	0.968253	6.60	0.001360	0.998638
3.50	0.030197	0.969801	6.65	0.001294	0.998704
3.55	0.028725	0.971274	6.70	0.001231	0.998767
3.60	0.027324	0.972674	6.75	0.001171	0.998827
3.65	0.025991	0.974007	6.80	0.001114	0.998884
3.70	0.024724	0.975275	6.85	0.001059	0.998939
3.75	0.023518	0.976480	6.90	0.001008	0.998990
3.80	0.022371	0.977627	6.95	0.000959	0.999039
3.85	0.021280	0.978718	7.00	0.000912	0.999086
3.90	0.020242	0.979756	7.05	0.000867	0.999131
3.95	0.019255	0.980743	7.10	0.000825	0.999173
4.00	0.018316	0.981683	7.15	0.000785	0.999213
4.05	0.017422	0.982576	7.20	0.000747	0.999251
4.10	0.016573	0.983425	7.25	0.000710	0.999288
4.15	0.015764	0.984234	7.30	0.000676	0.999322
4.20	0.014996	0.985003	7.35	0.000643	0.999355
4.25	0.014264	0.985734	7.40	0.000611	0.999387
4.30	0.013569	0.986430	7.45	0.000581	0.999417
4.35	0.012907	0.987091	7.50	0.000553	0.999445
4.40	0.012277	0.987721	7.55	0.000526	0.999472
4.45	0.011679	0.988320	7.60	0.000500	0.999498
4.50	0.011109	0.988889	7.65	0.000476	0.999522
4.55	0.010567	0.989431	7.70	0.000453	0.999545
4.60	0.010052	0.989946	7.75	0.000431	0.999567
4.65	0.009562	0.990437	7.80	0.000410	0.999588
4.70	0.009095	0.990903	7.85	0.000390	0.999608
4.75	0.008652	0.991346	7.90	0.000371	0.999627
4.80	0.008230	0.991768	7.95	0.000353	0.999645
4.85	0.007828	0.992170	8.00	0.000335	0.999662
4.90	0.007447	0.992552	8.05	0.000319	0.999679
4.95	0.007083	0.992915	8.10	0.000304	0.999694
5.00	0.006738	0.993260	8.15	0.000289	0.999709
5.05	0.006409	0.993589	8.20	0.000275	0.999723
5.10	0.006097	0.993901	8.25	0.000261	0.999737
5.15	0.005799	0.994199	8.30	0.000249	0.999749
5.20	0.005517	0.994482	8.35	0.000236	0.999761
5.25	0.005248	0.994751	8.40	0.000225	0.999773
5.30	0.004992	0.995006	8.45	0.000214	0.999784
5.35	0.004748	0.995250	8.50	0.000203	0.999794
5.40	0.004517	0.995481	8.55	0.000194	0.999804
5.45	0.004296	0.995702	8.60	0.000184	0.999814
5.50	0.004087	0.995911	8.65	0.000175	0.999823
5.55	0.003887	0.996111	8.70	0.000167	0.999831
5.60	0.003698	0.996300	8.75	0.000158	0.999839
5.65	0.003518	0.996481	8.80	0.000151	0.999847
5.70	0.003346	0.996652	8.85	0.000143	0.999854
5.75	0.003183	0.996815	8.90	0.000136	0.999861
5.80	0.003028	0.996971	8.95	0.000130	0.999868
5.85	0.002880	0.997118	9.00	0.000123	0.999874
5.90	0.002739	0.997259	9.05	0.000117	0.999880
5.95	0.002606	0.997392	9.10	0.000112	0.999886
6.00	0.002479	0.997519	9.15	0.000106	0.999892
6.05	0.002358	0.997640	9.20	0.000101	0.999897
6.10	0.002243	0.997755	9.25	0.000096	0.999902

at	h(at)	H(at)
9.30	0.000091	0.999906
9.35	0.000087	0.999911
9.40	0.000083	0.999915
9.45	0.000079	0.999919
9.50	0.000075	0.999923
9.55	0.000071	0.999927
9.60	0.000068	0.999930
9.65	0.000064	0.999933
9.70	0.000061	0.999937
9.75	0.000058	0.999940
9.80	0.000055	0.999942
9.85	0.000053	0.999945
9.90	0.000050	0.999948
9.95	0.000048	0.999950
10.00	0.000045	0.999952
10.05	0.000043	0.999955
10.10	0.000041	0.999957
10.15	0.000039	0.999959
10.20	0.000037	0.999961
10.25	0.000035	0.999962
10.30	0.000034	0.999964
10.35	0.000032	0.999966
10.40	0.000030	0.999967
10.45	0.000029	0.999969
10.50	0.000028	0.999970
10.55	0.000026	0.999972
10.60	0.000025	0.999973
10.65	0.000024	0.999974
10.70	0.000023	0.999975
10.75	0.000021	0.999976
10.80	0.000020	0.999977
10.85	0.000019	0.999978
10.90	0.000018	0.999979
10.95	0.000018	0.999980
11.00	0.000017	0.999981
11.05	0.000016	0.999982
11.10	0.000015	0.999983
11.15	0.000014	0.999983
11.20	0.000014	0.999984
11.25	0.000013	0.999985
11.30	0.000012	0.999985
11.35	0.000012	0.999986
11.40	0.000011	0.999986
11.45	0.000011	0.999987
11.50	0.000010	0.999988

k = 2

at	h(at)	H(at)
0.05	0.180968	0.004679
0.10	0.327492	0.017523
0.15	0.444491	0.036936
0.20	0.536256	0.061552
0.25	0.606531	0.090204
0.30	0.658574	0.121901
0.35	0.695220	0.155805
0.40	0.718927	0.191208
0.45	0.731826	0.227518
0.50	0.735759	0.264241
0.55	0.732317	0.300971
0.60	0.722867	0.337373
0.65	0.708583	0.373177
0.70	0.690472	0.408167
0.75	0.669391	0.442175
0.80	0.646069	0.475069
0.85	0.621124	0.506755
0.90	0.595076	0.537163
0.95	0.568361	0.566251
1.00	0.541341	0.593994
1.05	0.514317	0.620385
1.10	0.487534	0.645430
1.15	0.461191	0.669146
1.20	0.435446	0.691559
1.25	0.410425	0.712703
1.30	0.386223	0.732615
1.35	0.362910	0.751340
1.40	0.340537	0.768922
1.45	0.319135	0.785410
1.50	0.298723	0.800852
1.55	0.279305	0.815299
1.60	0.260878	0.828799
1.65	0.243429	0.841403
1.70	0.226938	0.853158
1.75	0.211382	0.864112
1.80	0.196731	0.874311
1.85	0.182954	0.883800
1.90	0.170018	0.892621
1.95	0.157887	0.900815
2.00	0.146525	0.908422
2.05	0.135896	0.915480
2.10	0.125963	0.922023
2.15	0.116690	0.928087
2.20	0.108041	0.933703
2.25	0.099981	0.938901
2.30	0.092477	0.943710
2.35	0.085496	0.948157
2.40	0.079006	0.952268
2.45	0.072977	0.956065
2.50	0.067380	0.959573
2.55	0.062187	0.962810
2.60	0.057372	0.965798
2.65	0.052911	0.968553
2.70	0.048779	0.971094
2.75	0.044955	0.973436
2.80	0.041416	0.975594
2.85	0.038144	0.977582
2.90	0.035120	0.979413
2.95	0.032325	0.981098

3.00	0.029745	0.982649
3.05	0.027363	0.984076
3.10	0.025165	0.985388
3.15	0.023137	0.986595
3.20	0.021268	0.987705
3.25	0.019545	0.988725
3.30	0.017957	0.989661
3.35	0.016494	0.990522
3.40	0.015147	0.991313
3.45	0.013907	0.992039
3.50	0.012766	0.992705
3.55	0.011717	0.993317
3.60	0.010751	0.993878
3.65	0.009863	0.994393
3.70	0.009047	0.994866
3.75	0.008296	0.995299
3.80	0.007607	0.995696
3.85	0.006974	0.996061
3.90	0.006392	0.996395
3.95	0.005858	0.996701
4.00	0.005367	0.996981
4.05	0.004917	0.997238
4.10	0.004504	0.997473
4.15	0.004125	0.997689
4.20	0.003778	0.997886
4.25	0.003459	0.998067
4.30	0.003167	0.998233
4.35	0.002899	0.998384
4.40	0.002653	0.998523
4.45	0.002428	0.998650
4.50	0.002221	0.998766
4.55	0.002032	0.998872
4.60	0.001859	0.998970
4.65	0.001700	0.999059
4.70	0.001555	0.999140
4.75	0.001422	0.999214
4.80	0.001300	0.999282
4.85	0.001189	0.999344
4.90	0.001087	0.999401
4.95	0.000993	0.999453
5.00	0.000908	0.999501
5.05	0.000830	0.999544
5.10	0.000758	0.999584
5.15	0.000693	0.999620
5.20	0.000633	0.999653
5.25	0.000578	0.999683
5.30	0.000528	0.999711
5.35	0.000482	0.999736
5.40	0.000441	0.999759
5.45	0.000402	0.999781
5.50	0.000367	0.999800
5.55	0.000335	0.999817
5.60	0.000306	0.999833
5.65	0.000280	0.999848
5.70	0.000255	0.999861
5.75	0.000233	0.999874
5.80	0.000213	0.999885
5.85	0.000194	0.999895
5.90	0.000177	0.999904
5.95	0.000162	0.999913
6.00	0.000147	0.999920
6.05	0.000135	0.999927
6.10	0.000123	0.999934
6.15	0.000112	0.999940
6.20	0.000102	0.999945
6.25	0.000093	0.999950
6.30	0.000085	0.999954
6.35	0.000077	0.999958
6.40	0.000071	0.999962
6.45	0.000064	0.999965
6.50	0.000059	0.999968
6.55	0.000054	0.999971
6.60	0.000049	0.999974
6.65	0.000045	0.999976
6.70	0.000041	0.999978
6.75	0.000037	0.999980
6.80	0.000034	0.999982
6.85	0.000031	0.999984
6.90	0.000028	0.999985
6.95	0.000026	0.999986
7.00	0.000023	0.999988
7.05	0.000021	0.999989
7.10	0.000019	0.999990
7.15	0.000018	0.999991
7.20	0.000016	0.999991
7.25	0.000015	0.999992
7.30	0.000013	0.999993
7.35	0.000012	0.999994
7.40	0.000011	0.999994
7.45	0.000010	0.999995

k = 3

at	h(at)	H(at)	at	h(at)	H(at)
0.05	0.029049	0.000503	3.00	0.014994	0.993768
0.10	0.100011	0.003599	3.05	0.013340	0.994476
0.15	0.193680	0.010879	3.10	0.011861	0.995105
0.20	0.296358	0.023115	3.15	0.010541	0.995664
0.25	0.398559	0.040505	3.20	0.009363	0.996161
0.30	0.493982	0.062857	3.25	0.008312	0.996603
0.35	0.578710	0.089724	3.30	0.007376	0.996995
0.40	0.650580	0.120513	3.35	0.006543	0.997342
0.45	0.708698	0.154553	3.40	0.005801	0.997650
0.50	0.753065	0.191153	3.45	0.005141	0.997924
0.55	0.784284	0.229640	3.50	0.004554	0.998166
0.60	0.803353	0.269379	3.55	0.004032	0.998380
0.65	0.811496	0.309793	3.60	0.003569	0.998570
0.70	0.810050	0.350369	3.65	0.003158	0.998738
0.75	0.800376	0.390661	3.70	0.002793	0.998886
0.80	0.783804	0.430291	3.75	0.002469	0.999018
0.85	0.761589	0.468947	3.80	0.002182	0.999134
0.90	0.734893	0.506376	3.85	0.001928	0.999237
0.95	0.704761	0.542379	3.90	0.001703	0.999327
1.00	0.672126	0.576810	3.95	0.001504	0.999407
1.05	0.637801	0.609564	4.00	0.001327	0.999478
1.10	0.602487	0.640574	4.05	0.001171	0.999540
1.15	0.566779	0.669806	4.10	0.001033	0.999595
1.20	0.531173	0.697253	4.15	0.000911	0.999644
1.25	0.496078	0.722932	4.20	0.000803	0.999687
1.30	0.461819	0.746875	4.25	0.000708	0.999724
1.35	0.428656	0.769132	4.30	0.000624	0.999758
1.40	0.396783	0.789762	4.35	0.000549	0.999787
1.45	0.366344	0.808834	4.40	0.000484	0.999813
1.50	0.337436	0.826422	4.45	0.000426	0.999835
1.55	0.310119	0.842604	4.50	0.000375	0.999855
1.60	0.284420	0.857461	4.55	0.000330	0.999873
1.65	0.260342	0.871073	4.60	0.000290	0.999888
1.70	0.237865	0.883522	4.65	0.000255	0.999902
1.75	0.216952	0.894886	4.70	0.000224	0.999914
1.80	0.197555	0.905242	4.75	0.000197	0.999925
1.85	0.179615	0.914666	4.80	0.000173	0.999934
1.90	0.163066	0.923227	4.85	0.000152	0.999942
1.95	0.147836	0.930994	4.90	0.000134	0.999949
2.00	0.133853	0.938032	4.95	0.000118	0.999955
2.05	0.121041	0.944399	5.00	0.000103	0.999961
2.10	0.109324	0.950154	5.05	0.000091	0.999966
2.15	0.098631	0.955349	5.10	0.000080	0.999970
2.20	0.088887	0.960033	5.15	0.000070	0.999974
2.25	0.080022	0.964252	5.20	0.000061	0.999977
2.30	0.071971	0.968049	5.25	0.000054	0.999980
2.35	0.064669	0.971462	5.30	0.000047	0.999982
2.40	0.058055	0.974527	5.35	0.000041	0.999985
2.45	0.052072	0.977277	5.40	0.000036	0.999986
2.50	0.046667	0.979744	5.45	0.000032	0.999988
2.55	0.041789	0.981953	5.50	0.000028	0.999990
2.60	0.037392	0.983931	5.55	0.000024	0.999991
2.65	0.033434	0.985699	5.60	0.000021	0.999992
2.70	0.029873	0.987281	5.65	0.000019	0.999993
2.75	0.026673	0.988693	5.70	0.000016	0.999994
2.80	0.023800	0.989953	5.75	0.000014	0.999995
2.85	0.021223	0.991078	5.80	0.000013	0.999995
2.90	0.018913	0.992080	5.85	0.000011	0.999996
2.95	0.016845	0.992973			

k = 4

at	h(at)	H(at)
0.05	0.004367	0.000057
0.10	0.028600	0.000776
0.15	0.079029	0.003358
0.20	0.153371	0.009080
0.25	0.245253	0.018988
0.30	0.346976	0.033769
0.35	0.451108	0.053725
0.40	0.551312	0.078814
0.45	0.642682	0.108708
0.50	0.721789	0.142877
0.55	0.786555	0.180648
0.60	0.836057	0.221277
0.65	0.870289	0.263998
0.70	0.889935	0.308063
0.75	0.896168	0.352768
0.80	0.890464	0.397480
0.85	0.874469	0.441643
0.90	0.849877	0.484784
0.95	0.818353	0.526515
1.00	0.781468	0.566530
1.05	0.740662	0.604597
1.10	0.697222	0.640552
1.15	0.652271	0.674294
1.20	0.606763	0.705770
1.25	0.561496	0.734974
1.30	0.517116	0.761935
1.35	0.474133	0.786709
1.40	0.432936	0.809378
1.45	0.393808	0.830037
1.50	0.356941	0.848796
1.55	0.322447	0.865771
1.60	0.290378	0.881082
1.65	0.260734	0.894849
1.70	0.233471	0.907195
1.75	0.208517	0.918235
1.80	0.185775	0.928083
1.85	0.165130	0.936847
1.90	0.146458	0.944629
1.95	0.129627	0.951524
2.00	0.114505	0.957620
2.05	0.100957	0.963000
2.10	0.088853	0.967740
2.15	0.078068	0.971908
2.20	0.068480	0.975567
2.25	0.059977	0.978774
2.30	0.052452	0.981581
2.35	0.045806	0.984034
2.40	0.039948	0.986174
2.45	0.034794	0.988040
2.50	0.030267	0.989664
2.55	0.026297	0.991076
2.60	0.022822	0.992302
2.65	0.019784	0.993366
2.70	0.017132	0.994287
2.75	0.014820	0.995084
2.80	0.012808	0.995774
2.85	0.011058	0.996370
2.90	0.009538	0.996884
2.95	0.008220	0.997327
3.00	0.007078	0.997709
3.05	0.006090	0.998037
3.10	0.005235	0.998320
3.15	0.004497	0.998563
3.20	0.003860	0.998771
3.25	0.003311	0.998950
3.30	0.002838	0.999103
3.35	0.002430	0.999235
3.40	0.002080	0.999347
3.45	0.001779	0.999444
3.50	0.001521	0.999526
3.55	0.001300	0.999596
3.60	0.001110	0.999656
3.65	0.000947	0.999708
3.70	0.000807	0.999752
3.75	0.000688	0.999789
3.80	0.000586	0.999821
3.85	0.000499	0.999848
3.90	0.000425	0.999871
3.95	0.000361	0.999890
4.00	0.000307	0.999907
4.05	0.000261	0.999921
4.10	0.000222	0.999933
4.15	0.000188	0.999944
4.20	0.000160	0.999952
4.25	0.000136	0.999960
4.30	0.000115	0.999966
4.35	0.000097	0.999971
4.40	0.000083	0.999976
4.45	0.000070	0.999979
4.50	0.000059	0.999983
4.55	0.000050	0.999985
4.60	0.000042	0.999988
4.65	0.000036	0.999990
4.70	0.000030	0.999991
4.75	0.000026	0.999993
4.80	0.000022	0.999994
4.85	0.000018	0.999995
4.90	0.000015	0.999996
4.95	0.000013	0.999996
5.00	0.000011	0.999997

k = 5

at	h(at)	H(at)	at	h(at)	H(at)
0.05	0.000634	0.000007	3.00	0.003226	0.999144
0.10	0.007898	0.000172	3.05	0.002684	0.999291
0.15	0.031137	0.001065	3.10	0.002231	0.999414
0.20	0.076642	0.003660	3.15	0.001852	0.999515
0.25	0.145724	0.009124	3.20	0.001536	0.999600
0.30	0.235333	0.018576	3.25	0.001273	0.999670
0.35	0.339544	0.032902	3.30	0.001054	0.999728
0.40	0.451118	0.052653	3.35	0.000872	0.999776
0.45	0.562764	0.078014	3.40	0.000720	0.999816
0.50	0.668010	0.108822	3.45	0.000595	0.999848
0.55	0.761693	0.144622	3.50	0.000491	0.999875
0.60	0.840157	0.184737	3.55	0.000404	0.999898
0.65	0.901229	0.228347	3.60	0.000333	0.999916
0.70	0.944062	0.274555	3.65	0.000274	0.999931
0.75	0.968902	0.322452	3.70	0.000225	0.999944
0.80	0.976835	0.371163	3.75	0.000185	0.999954
0.85	0.969534	0.419882	3.80	0.000152	0.999962
0.90	0.949039	0.467897	3.85	0.000125	0.999969
0.95	0.917560	0.514603	3.90	0.000102	0.999975
1.00	0.877337	0.559507	3.95	0.000084	0.999980
1.05	0.830520	0.602227	4.00	0.000069	0.999983
1.10	0.779095	0.642482	4.05	0.000056	0.999986
1.15	0.724832	0.680089	4.10	0.000046	0.999989
1.20	0.669263	0.714944	4.15	0.000038	0.999991
1.25	0.613675	0.747015	4.20	0.000031	0.999993
1.30	0.559111	0.776328	4.25	0.000025	0.999994
1.35	0.506391	0.802957	4.30	0.000020	0.999995
1.40	0.456131	0.827009	4.35	0.000017	0.999996
1.45	0.408767	0.848618	4.40	0.000014	0.999997
1.50	0.364582	0.867938	4.45	0.000011	0.999998
1.55	0.323730	0.885132			
1.60	0.286262	0.900368			
1.65	0.252142	0.913814			
1.70	0.221275	0.925636			
1.75	0.193515	0.935994			
1.80	0.168686	0.945037			
1.85	0.146589	0.952908			
1.90	0.127015	0.959738			
1.95	0.109750	0.965648			
2.00	0.094583	0.970748			
2.05	0.081309	0.975138			
2.10	0.069731	0.978907			
2.15	0.059666	0.982136			
2.20	0.050944	0.984896			
2.25	0.043407	0.987250			
2.30	0.036912	0.989254			
2.35	0.031329	0.990956			
2.40	0.026543	0.992400			
2.45	0.022449	0.993622			
2.50	0.018955	0.994655			
2.55	0.015979	0.995526			
2.60	0.013449	0.996260			
2.65	0.011304	0.996878			
2.70	0.009497	0.997396			
2.75	0.007951	0.997831			
2.80	0.006655	0.998195			
2.85	0.005563	0.998500			
2.90	0.004645	0.998754			
2.95	0.003873	0.998967			

k = 6

at	h(at)	H(at)
0.05	0.000090	0.000001
0.10	0.002134	0.000039
0.15	0.012004	0.000343
0.20	0.037473	0.001500
0.25	0.084720	0.004456
0.30	0.156172	0.010378
0.35	0.250062	0.020449
0.40	0.361177	0.035673
0.45	0.482163	0.056732
0.50	0.604913	0.083918
0.55	0.721719	0.117123
0.60	0.826081	0.155882
0.65	0.913155	0.199442
0.70	0.979896	0.246857
0.75	1.024962	0.297070
0.80	1.048487	0.348994
0.85	1.051766	0.401580
0.90	1.036929	0.453868
0.95	1.006621	0.505015
1.00	0.963739	0.554321
1.05	0.911208	0.601228
1.10	0.851817	0.645327
1.15	0.788104	0.686338
1.20	0.722291	0.724103
1.25	0.656248	0.758564
1.30	0.591488	0.789749
1.35	0.529188	0.817754
1.40	0.470211	0.842723
1.45	0.415150	0.864840
1.50	0.364362	0.884310
1.55	0.318014	0.901351
1.60	0.276121	0.916185
1.65	0.238578	0.929035
1.70	0.205195	0.940113
1.75	0.175721	0.949620
1.80	0.149868	0.957745
1.85	0.127326	0.964662
1.90	0.107780	0.970528
1.95	0.090919	0.975485
2.00	0.076444	0.979659
2.05	0.064073	0.983164
2.10	0.053544	0.986097
2.15	0.044619	0.988545
2.20	0.037081	0.990582
2.25	0.030737	0.992273
2.30	0.025416	0.993673
2.35	0.020966	0.994829
2.40	0.017256	0.995782
2.45	0.014172	0.996565
2.50	0.011615	0.997208
2.55	0.009500	0.997734
2.60	0.007755	0.998164
2.65	0.006319	0.998515
2.70	0.005140	0.998800
2.75	0.004174	0.999032
2.80	0.003384	0.999221
2.85	0.002739	0.999373
2.90	0.002213	0.999496
2.95	0.001786	0.999596
3.00	0.001439	0.999676
3.05	0.001158	0.999741
3.10	0.000930	0.999793
3.15	0.000747	0.999835
3.20	0.000598	0.999868
3.25	0.000479	0.999895
3.30	0.000383	0.999916
3.35	0.000306	0.999934
3.40	0.000244	0.999947
3.45	0.000194	0.999958
3.50	0.000155	0.999967
3.55	0.000123	0.999974
3.60	0.000098	0.999979
3.65	0.000078	0.999984
3.70	0.000062	0.999987
3.75	0.000049	0.999990
3.80	0.000039	0.999992
3.85	0.000031	0.999994
3.90	0.000024	0.999995
3.95	0.000019	0.999996
4.00	0.000015	0.999997
4.05	0.000012	0.999998

k = 7

at	h(at)	H(at)
0.05	0.000013	0.000000
0.10	0.000568	0.000009
0.15	0.004559	0.000112
0.20	0.018052	0.000622
0.25	0.048526	0.002201
0.30	0.102109	0.005862
0.35	0.181443	0.012844
0.40	0.284898	0.024411
0.45	0.407007	0.041646
0.50	0.539689	0.065288
0.55	0.673746	0.095638
0.60	0.800248	0.132536
0.65	0.911579	0.175408
0.70	1.002073	0.223345
0.75	1.068256	0.275209
0.80	1.108778	0.329742
0.85	1.124127	0.385667
0.90	1.116230	0.441767
0.95	1.088021	0.496951
1.00	1.043020	0.550289
1.05	0.984975	0.601035
1.10	0.917577	0.648631
1.15	0.844249	0.692695
1.20	0.768012	0.733008
1.25	0.691413	0.769490
1.30	0.616502	0.802177
1.35	0.544846	0.831195
1.40	0.477569	0.856735
1.45	0.415406	0.879037
1.50	0.358765	0.898368
1.55	0.307786	0.915008
1.60	0.262407	0.929240
1.65	0.222411	0.941338
1.70	0.187475	0.951565
1.75	0.157208	0.960164
1.80	0.131183	0.967357
1.85	0.108961	0.973345
1.90	0.090107	0.978309
1.95	0.074207	0.982405
2.00	0.060871	0.985772
2.05	0.049745	0.988529
2.10	0.040508	0.990778
2.15	0.032874	0.992607
2.20	0.026592	0.994088
2.25	0.021444	0.995285
2.30	0.017242	0.996248
2.35	0.013823	0.997022
2.40	0.011053	0.997642
2.45	0.008815	0.998136
2.50	0.007012	0.998530
2.55	0.005565	0.998843
2.60	0.004406	0.999092
2.65	0.003481	0.999288
2.70	0.002744	0.999443
2.75	0.002159	0.999565
2.80	0.001695	0.999661
2.85	0.001328	0.999736
2.90	0.001039	0.999795
2.95	0.000811	0.999841
3.00	0.000632	0.999877
3.05	0.000492	0.999905
3.10	0.000382	0.999926
3.15	0.000296	0.999943
3.20	0.000230	0.999956
3.25	0.000178	0.999966
3.30	0.000137	0.999974
3.35	0.000106	0.999980
3.40	0.000081	0.999985
3.45	0.000063	0.999989
3.50	0.000048	0.999991
3.55	0.000037	0.999993
3.60	0.000028	0.999995
3.65	0.000022	0.999996
3.70	0.000017	0.999997
3.75	0.000013	0.999998

k = 8

at	h(at)	H(at)
0.10	0.000150	0.000002
0.15	0.001713	0.000037
0.20	0.008603	0.000260
0.25	0.027497	0.001097
0.30	0.066044	0.003339
0.35	0.130239	0.008131
0.40	0.222314	0.016830
0.45	0.339873	0.030789
0.50	0.476323	0.051134
0.55	0.622204	0.078579
0.60	0.766893	0.113334
0.65	0.900226	0.155078
0.70	1.013740	0.203025
0.75	1.101416	0.256020
0.80	1.159938	0.312679
0.85	1.188556	0.371514
0.90	1.188685	0.431059
0.95	1.163367	0.489958
1.00	1.116693	0.547039
1.05	1.053273	0.601348
1.10	0.977793	0.652166
1.15	0.894675	0.699001
1.20	0.807851	0.741572
1.25	0.720634	0.779780
1.30	0.635668	0.813673
1.35	0.554939	0.843417
1.40	0.479830	0.869261
1.45	0.411197	0.891508
1.50	0.349458	0.910496
1.55	0.294686	0.926571
1.60	0.246695	0.940077
1.65	0.205112	0.951347
1.70	0.169444	0.960687
1.75	0.139134	0.968381
1.80	0.113594	0.974680
1.85	0.092243	0.979810
1.90	0.074523	0.983965
1.95	0.059915	0.987314
2.00	0.047950	0.990000
2.05	0.038207	0.992146
2.10	0.030316	0.993852
2.15	0.023960	0.995203
2.20	0.018865	0.996269
2.25	0.014800	0.997107
2.30	0.011571	0.997763
2.35	0.009016	0.998275
2.40	0.007003	0.998674
2.45	0.005424	0.998983
2.50	0.004188	0.999222
2.55	0.003225	0.999406
2.60	0.002476	0.999548
2.65	0.001897	0.999656
2.70	0.001449	0.999740
2.75	0.001104	0.999803
2.80	0.000840	0.999851
2.85	0.000637	0.999888
2.90	0.000482	0.999916
2.95	0.000364	0.999937
3.00	0.000275	0.999953
3.05	0.000207	0.999965
3.10	0.000155	0.999974
3.15	0.000116	0.999980
3.20	0.000087	0.999985
3.25	0.000065	0.999989
3.30	0.000049	0.999992
3.35	0.000036	0.999994
3.40	0.000027	0.999996
3.45	0.000020	0.999997
3.50	0.000015	0.999998
3.55	0.000011	0.999998

k = 9

at	h(at)	H(at)
0.10	0.000039	0.000000
0.15	0.000638	0.000012
0.20	0.004066	0.000110
0.25	0.015453	0.000550
0.30	0.042368	0.001914
0.35	0.092721	0.005179
0.40	0.172061	0.011671
0.45	0.281494	0.022889
0.50	0.416963	0.040257
0.55	0.569910	0.064879
0.60	0.728924	0.097350
0.65	0.881752	0.137667
0.70	1.017165	0.185233
0.75	1.126327	0.238944
0.80	1.203544	0.297332
0.85	1.246410	0.358725
0.90	1.255501	0.421409
0.95	1.233768	0.483760
1.00	1.185802	0.544348
1.05	1.117105	0.601995
1.10	1.033448	0.655809
1.15	0.940366	0.705183
1.20	0.842814	0.749771
1.25	0.744954	0.789459
1.30	0.650075	0.824317
1.35	0.560602	0.854557
1.40	0.478163	0.880495
1.45	0.403704	0.902507
1.50	0.337611	0.921005
1.55	0.279839	0.936407
1.60	0.230029	0.949122
1.65	0.187612	0.959533
1.70	0.151897	0.967994
1.75	0.122132	0.974822
1.80	0.097560	0.980294
1.85	0.077452	0.984652
1.90	0.061130	0.988102
1.95	0.047981	0.990818
2.00	0.037463	0.992944
2.05	0.029105	0.994600
2.10	0.022504	0.995884
2.15	0.017321	0.996874
2.20	0.013274	0.997635
2.25	0.010131	0.998217
2.30	0.007702	0.998660
2.35	0.005833	0.998996
2.40	0.004401	0.999251
2.45	0.003310	0.999442
2.50	0.002481	0.999586
2.55	0.001853	0.999693
2.60	0.001380	0.999774
2.65	0.001025	0.999833
2.70	0.000759	0.999878
2.75	0.000560	0.999910
2.80	0.000413	0.999935
2.85	0.000303	0.999952
2.90	0.000222	0.999965
2.95	0.000162	0.999975
3.00	0.000118	0.999982
3.05	0.000086	0.999987
3.10	0.000063	0.999991
3.15	0.000045	0.999993
3.20	0.000033	0.999995
3.25	0.000024	0.999997
3.30	0.000017	0.999998
3.35	0.000012	0.999998

k = 10

at	h(at)	H(at)
0.10	0.000010	0.000000
0.15	0.000236	0.000004
0.20	0.001909	0.000046
0.25	0.008629	0.000277
0.30	0.027005	0.001102
0.35	0.065587	0.003315
0.40	0.132312	0.008132
0.45	0.231646	0.017093
0.50	0.362656	0.031828
0.55	0.518659	0.053777
0.60	0.688385	0.083924
0.65	0.858110	0.122616
0.70	1.014047	0.169504
0.75	1.144405	0.223592
0.80	1.240769	0.283376
0.85	1.298687	0.347026
0.90	1.317557	0.412592
0.95	1.300026	0.478174
1.00	1.251101	0.542070
1.05	1.177196	0.602868
1.10	1.085256	0.659489
1.15	0.982044	0.711206
1.20	0.873644	0.757608
1.25	0.765149	0.798569
1.30	0.660540	0.834188
1.35	0.562685	0.864736
1.40	0.473442	0.890601
1.45	0.393803	0.912241
1.50	0.324072	0.930147
1.55	0.264033	0.944810
1.60	0.213111	0.956702
1.65	0.170504	0.966259
1.70	0.135292	0.973876
1.75	0.106519	0.979896
1.80	0.083251	0.984619
1.85	0.064615	0.988298
1.90	0.049822	0.991145
1.95	0.038177	0.993333
2.00	0.029082	0.995005
2.05	0.022029	0.996275
2.10	0.016597	0.997235
2.15	0.012441	0.997956
2.20	0.009280	0.998495
2.25	0.006891	0.998897
2.30	0.005093	0.999194
2.35	0.003749	0.999414
2.40	0.002748	0.999575
2.45	0.002007	0.999693
2.50	0.001460	0.999779
2.55	0.001058	0.999841
2.60	0.000764	0.999886
2.65	0.000550	0.999919
2.70	0.000395	0.999942
2.75	0.000283	0.999959
2.80	0.000202	0.999971
2.85	0.000143	0.999980
2.90	0.000102	0.999986
2.95	0.000072	0.999990
3.00	0.000051	0.999993
3.05	0.000036	0.999995
3.10	0.000025	0.999997
3.15	0.000018	0.999998
3.20	0.000012	0.999998

k = 11

at	h(at)	H(at)
0.15	0.000087	0.000001
0.20	0.000892	0.000020
0.25	0.004793	0.000140
0.30	0.017124	0.000638
0.35	0.046153	0.002130
0.40	0.101219	0.005688
0.45	0.189638	0.012811
0.50	0.313789	0.025251
0.55	0.469572	0.044721
0.60	0.646734	0.072567
0.65	0.830777	0.109510
0.70	1.005703	0.155492
0.75	1.156751	0.209680
0.80	1.272522	0.270577
0.85	1.346148	0.336227
0.90	1.375519	0.404452
0.95	1.362748	0.473075
1.00	1.313160	0.540112
1.05	1.234095	0.603899
1.10	1.133758	0.663167
1.15	1.020258	0.717056
1.20	0.900911	0.765096
1.25	0.781822	0.807152
1.30	0.667697	0.843361
1.35	0.561851	0.874060
1.40	0.466340	0.899719
1.45	0.382155	0.920884
1.50	0.309464	0.938127
1.55	0.247830	0.952014
1.60	0.196415	0.963080
1.65	0.154153	0.971809
1.70	0.119878	0.978628
1.75	0.092421	0.983910
1.80	0.070673	0.987966
1.85	0.053627	0.991055
1.90	0.040396	0.993392
1.95	0.030219	0.995146
2.00	0.022458	0.996454
2.05	0.016587	0.997423
2.10	0.012177	0.998137
2.15	0.008889	0.998660
2.20	0.006454	0.999040
2.25	0.004662	0.999316
2.30	0.003351	0.999514
2.35	0.002397	0.999657
2.40	0.001707	0.999758
2.45	0.001211	0.999831
2.50	0.000855	0.999882
2.55	0.000601	0.999918
2.60	0.000421	0.999943
2.65	0.000294	0.999961
2.70	0.000204	0.999973
2.75	0.000142	0.999982
2.80	0.000098	0.999988
2.85	0.000067	0.999992
2.90	0.000046	0.999994
2.95	0.000032	0.999996
3.00	0.000022	0.999998
3.05	0.000015	0.999999

k = 12

at	h(at)	H(at)
0.15	0.000032	0.000000
0.20	0.000415	0.000008
0.25	0.002651	0.000071
0.30	0.010812	0.000370
0.35	0.032339	0.001374
0.40	0.077102	0.003992
0.45	0.154585	0.009632
0.50	0.270348	0.020092
0.55	0.423317	0.037291
0.60	0.605010	0.062906
0.65	0.800883	0.098030
0.70	0.993172	0.142934
0.75	1.164241	0.196992
0.80	1.299518	0.258759
0.85	1.389389	0.326183
0.90	1.429903	0.396872
0.95	1.422400	0.468371
1.00	1.372415	0.538403
1.05	1.288224	0.605042
1.10	1.179374	0.666814
1.15	1.055436	0.722728
1.20	0.925066	0.772251
1.25	0.795449	0.815248
1.30	0.672051	0.851901
1.35	0.558625	0.882620
1.40	0.457384	0.907967
1.45	0.369270	0.928578
1.50	0.294254	0.945113
1.55	0.231628	0.958210
1.60	0.180254	0.968463
1.65	0.138775	0.976401
1.70	0.105767	0.982482
1.75	0.079846	0.987095
1.80	0.059739	0.990563
1.85	0.044317	0.993147
1.90	0.032613	0.995057
1.95	0.023818	0.996457
2.00	0.017270	0.997476
2.05	0.012436	0.998212
2.10	0.008896	0.998741
2.15	0.006325	0.999118
2.20	0.004470	0.999385
2.25	0.003141	0.999574
2.30	0.002195	0.999706
2.35	0.001526	0.999798
2.40	0.001056	0.999862
2.45	0.000727	0.999906
2.50	0.000498	0.999936
2.55	0.000340	0.999957
2.60	0.000231	0.999971
2.65	0.000156	0.999981
2.70	0.000105	0.999987
2.75	0.000071	0.999991
2.80	0.000047	0.999994
2.85	0.000032	0.999996
2.90	0.000021	0.999998
2.95	0.000014	0.999998

k = 13

at	h(at)	H(at)
0.15	0.000012	0.000000
0.20	0.000192	0.000004
0.25	0.001461	0.000036
0.30	0.006802	0.000216
0.35	0.022579	0.000888
0.40	0.058521	0.002809
0.45	0.125561	0.007260
0.50	0.232088	0.016027
0.55	0.380254	0.031168
0.60	0.563955	0.054649
0.65	0.769305	0.087927
0.70	0.977290	0.131624
0.75	1.167591	0.185360
0.80	1.322343	0.247788
0.85	1.428894	0.316787
0.90	1.481124	0.389768
0.95	1.479358	0.463997
1.00	1.429218	0.536895
1.05	1.339920	0.606265
1.10	1.222441	0.670418
1.15	1.087923	0.728226
1.20	0.946472	0.779095
1.25	0.806421	0.822897
1.30	0.674016	0.859866
1.35	0.553432	0.890497
1.40	0.446996	0.915446
1.45	0.355543	0.935447
1.50	0.278792	0.951246
1.55	0.215712	0.963554
1.60	0.164832	0.973020
1.65	0.124485	0.980213
1.70	0.092984	0.985616
1.75	0.068736	0.989632
1.80	0.050316	0.992587
1.85	0.036493	0.994740
1.90	0.026236	0.996295
1.95	0.018706	0.997409
2.00	0.013232	0.998200
2.05	0.009290	0.998758
2.10	0.006476	0.999148
2.15	0.004484	0.999419
2.20	0.003084	0.999606
2.25	0.002109	0.999735
2.30	0.001433	0.999822
2.35	0.000968	0.999881
2.40	0.000651	0.999921
2.45	0.000435	0.999948
2.50	0.000289	0.999966
2.55	0.000192	0.999978
2.60	0.000126	0.999986
2.65	0.000083	0.999991
2.70	0.000054	0.999994
2.75	0.000035	0.999996
2.80	0.000023	0.999998
2.85	0.000015	0.999999

k = 14

at	h(at)	H(at)
0.20	0.000089	0.000002
0.25	0.000803	0.000019
0.30	0.004266	0.000126
0.35	0.015716	0.000576
0.40	0.044284	0.001981
0.45	0.101676	0.005485
0.50	0.198637	0.012811
0.55	0.340533	0.026103
0.60	0.524089	0.047564
0.65	0.736727	0.079001
0.70	0.958740	0.121395
0.75	1.167392	0.174651
0.80	1.341480	0.237555
0.85	1.465056	0.307953
0.90	1.529518	0.383071
0.95	1.533920	0.459900
1.00	1.483849	0.535553
1.05	1.389455	0.607545
1.10	1.263230	0.673967
1.15	1.118004	0.733552
1.20	0.965432	0.785647
1.25	0.815059	0.830133
1.30	0.673933	0.867308
1.35	0.546621	0.897758
1.40	0.435517	0.922241
1.45	0.341286	0.941591
1.50	0.263339	0.956642
1.55	0.200279	0.968174
1.60	0.150271	0.976887
1.65	0.111327	0.983385
1.70	0.081497	0.988172
1.75	0.058992	0.991657
1.80	0.042251	0.994167
1.85	0.029958	0.995956
1.90	0.021041	0.997219
1.95	0.014646	0.998102
2.00	0.010108	0.998714
2.05	0.006919	0.999135
2.10	0.004700	0.999422
2.15	0.003169	0.999616
2.20	0.002122	0.999747
2.25	0.001411	0.999834
2.30	0.000933	0.999892
2.35	0.000612	0.999930
2.40	0.000400	0.999955
2.45	0.000260	0.999971
2.50	0.000168	0.999982
2.55	0.000108	0.999989
2.60	0.000069	0.999993
2.65	0.000044	0.999996
2.70	0.000028	0.999997
2.75	0.000017	0.999999
2.80	0.000011	0.999999

k = 15

at	h(at)	H(at)
0.200	0.000041	0.000001
0.225	0.000146	0.000003
0.250	0.000440	0.000010
0.275	0.001149	0.000028
0.300	0.002669	0.000074
0.325	0.005625	0.000174
0.350	0.010911	0.000374
0.375	0.019701	0.000748
0.400	0.033422	0.001400
0.425	0.053676	0.002474
0.450	0.082120	0.004152
0.475	0.120316	0.006661
0.500	0.169563	0.010260
0.525	0.230739	0.015239
0.550	0.304165	0.021900
0.575	0.389512	0.030547
0.600	0.485767	0.041466
0.625	0.591249	0.054912
0.650	0.703682	0.071087
0.675	0.820317	0.090131
0.700	0.938083	0.112112
0.725	1.053757	0.137018
0.750	1.164141	0.164756
0.775	1.266226	0.195156
0.800	1.357334	0.227976
0.825	1.435231	0.262912
0.850	1.498204	0.299613
0.875	1.545106	0.337688
0.900	1.575362	0.376729
0.925	1.588946	0.416317
0.950	1.586335	0.456041
0.975	1.568443	0.495507
1.000	1.536539	0.534346
1.025	1.492166	0.572230
1.050	1.437053	0.608865
1.075	1.373032	0.644008
1.100	1.301965	0.677458
1.125	1.225679	0.709063
1.150	1.145911	0.738713
1.175	1.064267	0.766343
1.200	0.982195	0.791923
1.225	0.900959	0.815459
1.250	0.821636	0.836987
1.275	0.745112	0.856565
1.300	0.672087	0.874272
1.325	0.603088	0.890202
1.350	0.538481	0.904463
1.375	0.478493	0.917165
1.400	0.423223	0.928427
1.425	0.372670	0.938366
1.450	0.326745	0.947099
1.475	0.285288	0.954740
1.500	0.248092	0.961399
1.525	0.214908	0.967178
1.550	0.185464	0.972175
1.575	0.159471	0.976480
1.600	0.136639	0.980175
1.625	0.116676	0.983336
1.650	0.099300	0.986030
1.675	0.084240	0.988320
1.700	0.071242	0.990260
1.725	0.060067	0.991897
1.750	0.050497	0.993276
1.775	0.042330	0.994434
1.800	0.035386	0.995403
1.825	0.029501	0.996212
1.850	0.024530	0.996886
1.875	0.020345	0.997445
1.900	0.016831	0.997908
1.925	0.013891	0.998291
1.950	0.011438	0.998607
1.975	0.009396	0.998867
2.000	0.007701	0.999080
2.025	0.006298	0.999254
2.050	0.005140	0.999397
2.075	0.004186	0.999513
2.100	0.003402	0.999607
2.125	0.002760	0.999684
2.150	0.002234	0.999746
2.175	0.001805	0.999797
2.200	0.001456	0.999837
2.225	0.001172	0.999870
2.250	0.000942	0.999896
2.275	0.000756	0.999917
2.300	0.000605	0.999934
2.325	0.000484	0.999948
2.350	0.000386	0.999959
2.375	0.000308	0.999967
2.400	0.000245	0.999974
2.425	0.000195	0.999980
2.450	0.000155	0.999984
2.475	0.000122	0.999988
2.500	0.000097	0.999990
2.525	0.000077	0.999992
2.550	0.000060	0.999994
2.575	0.000048	0.999995
2.600	0.000037	0.999996
2.625	0.000029	0.999997
2.650	0.000023	0.999998
2.675	0.000018	0.999998
2.700	0.000014	0.999999
2.725	0.000011	0.999999

k = 16

at	h(at)	H(at)
0.200	0.000019	0.000000
0.225	0.000074	0.000001
0.250	0.000241	0.000005
0.275	0.000674	0.000016
0.300	0.001666	0.000043
0.325	0.003710	0.000108
0.350	0.007558	0.000244
0.375	0.014260	0.000509
0.400	0.025167	0.000992
0.425	0.041884	0.001816
0.450	0.066174	0.003149
0.475	0.099813	0.005202
0.500	0.144416	0.008231
0.525	0.201250	0.012525
0.550	0.271062	0.018492
0.575	0.353939	0.026188
0.600	0.449223	0.036202
0.625	0.555489	0.048740
0.650	0.670591	0.064051
0.675	0.791765	0.082321
0.700	0.915783	0.103663
0.725	1.039140	0.128104
0.750	1.158258	0.155584
0.775	1.269679	0.185953
0.800	1.370252	0.218978
0.825	1.457277	0.254352
0.850	1.528618	0.291711
0.875	1.582771	0.330640
0.900	1.618889	0.370699
0.925	1.636770	0.411432
0.950	1.636809	0.452388
0.975	1.619927	0.493132
1.000	1.587480	0.533255
1.025	1.541163	0.572390
1.050	1.482901	0.610213
1.075	1.414757	0.646453
1.100	1.338836	0.680886
1.125	1.257208	0.713347
1.150	1.171842	0.743716
1.175	1.084556	0.771923
1.200	0.996976	0.797941
1.225	0.910520	0.821781
1.250	0.826382	0.843486
1.275	0.745531	0.863128
1.300	0.668722	0.880797
1.325	0.596507	0.896602
1.350	0.529256	0.910663
1.375	0.467178	0.923108
1.400	0.410341	0.934066
1.425	0.358698	0.943668
1.450	0.312111	0.952043
1.475	0.270365	0.959314
1.500	0.233196	0.965600
1.525	0.200301	0.971310
1.550	0.171354	0.975647
1.575	0.146019	0.979607
1.600	0.123960	0.982976
1.625	0.104849	0.985833
1.650	0.088373	0.988240
1.675	0.074225	0.990268
1.700	0.062136	0.991968
1.725	0.051848	0.993390
1.750	0.043127	0.994574
1.775	0.035763	0.995557
1.800	0.029568	0.996372
1.825	0.024376	0.997044
1.850	0.020039	0.997598
1.875	0.016429	0.998052
1.900	0.013433	0.998424
1.925	0.010955	0.998728
1.950	0.008912	0.998976
1.975	0.007231	0.999177
2.000	0.005854	0.999340
2.025	0.004728	0.999471
2.050	0.003810	0.999578
2.075	0.003063	0.999663
2.100	0.002457	0.999732
2.125	0.001967	0.999787
2.150	0.001571	0.999831
2.175	0.001253	0.999866
2.200	0.000997	0.999894
2.225	0.000792	0.999917
2.250	0.000627	0.999934
2.275	0.000496	0.999948
2.300	0.000392	0.999959
2.325	0.000309	0.999968
2.350	0.000243	0.999975
2.375	0.000191	0.999980
2.400	0.000150	0.999985
2.425	0.000117	0.999988
2.450	0.000092	0.999990
2.475	0.000072	0.999992
2.500	0.000056	0.999994
2.525	0.000043	0.999995
2.550	0.000034	0.999996
2.575	0.000026	0.999997
2.600	0.000020	0.999998
2.625	0.000016	0.999998
2.650	0.000012	0.999998

k = 17

at	h(at)	H(at)
0.225	0.000037	0.000001
0.250	0.000131	0.000003
0.275	0.000394	0.000009
0.300	0.001038	0.000025
0.325	0.002442	0.000067
0.350	0.005225	0.000159
0.375	0.010331	0.000347
0.400	0.018913	0.000703
0.425	0.032618	0.001335
0.450	0.053218	0.002392
0.475	0.082638	0.004069
0.500	0.122752	0.006613
0.525	0.175179	0.010310
0.550	0.241080	0.015484
0.575	0.320973	0.022481
0.600	0.414599	0.031647
0.625	0.520851	0.043316
0.650	0.637782	0.057779
0.675	0.762682	0.075272
0.700	0.892229	0.095952
0.725	1.022683	0.119891
0.750	1.150106	0.147061
0.775	1.270603	0.177338
0.800	1.380534	0.210503
0.825	1.476711	0.246250
0.850	1.556539	0.284202
0.875	1.618120	0.323925
0.900	1.660301	0.364946
0.925	1.682672	0.406775
0.950	1.685521	0.448917
0.975	1.669764	0.490895
1.000	1.636840	0.532262
1.025	1.588594	0.572610
1.050	1.527161	0.611582
1.075	1.454843	0.648877
1.100	1.374006	0.684253
1.125	1.286977	0.717526
1.150	1.195971	0.748569
1.175	1.103027	0.777308
1.200	1.009962	0.803719
1.225	0.918349	0.827818
1.250	0.829498	0.849659
1.275	0.744463	0.869325
1.300	0.664046	0.886921
1.325	0.588821	0.902571
1.350	0.519152	0.916409
1.375	0.455221	0.928576
1.400	0.397057	0.939218
1.425	0.344562	0.948476
1.450	0.297538	0.956491
1.475	0.255712	0.963396
1.500	0.218758	0.969318
1.525	0.186314	0.974372
1.550	0.158001	0.978668
1.575	0.133434	0.982303
1.600	0.112234	0.985367
1.625	0.094033	0.987943
1.650	0.078487	0.990091
1.675	0.065270	0.991884
1.700	0.054086	0.993372
1.725	0.044664	0.994603
1.750	0.036759	0.995617
1.775	0.030154	0.996451
1.800	0.024658	0.997134
1.825	0.020102	0.997692
1.850	0.016338	0.998146
1.875	0.013240	0.998515
1.900	0.010699	0.998813
1.925	0.008622	0.999053
1.950	0.006930	0.999247
1.975	0.005555	0.999402
2.000	0.004441	0.999527
2.025	0.003542	0.999626
2.050	0.002818	0.999705
2.075	0.002236	0.999768
2.100	0.001771	0.999818
2.125	0.001399	0.999858
2.150	0.001103	0.999889
2.175	0.000868	0.999913
2.200	0.000681	0.999933
2.225	0.000533	0.999948
2.250	0.000417	0.999960
2.275	0.000325	0.999969
2.300	0.000253	0.999976
2.325	0.000197	0.999982
2.350	0.000153	0.999986
2.375	0.000118	0.999989
2.400	0.000091	0.999992
2.425	0.000071	0.999994
2.450	0.000054	0.999995
2.475	0.000042	0.999997
2.500	0.000032	0.999998
2.525	0.000025	0.999998
2.550	0.000019	0.999999
2.575	0.000014	0.999999
2.600	0.000011	0.999999

k = 18

at	h(at)	H(at)	at	h(at)	H(at)
0.225	0.000019	0.000000	1.700	0.046996	0.994523
0.250	0.000072	0.000001	1.725	0.038407	0.995588
0.275	0.000231	0.000005	1.750	0.031276	0.996456
0.300	0.000645	0.000015	1.775	0.025381	0.997162
0.325	0.001604	0.000041	1.800	0.020527	0.997734
0.350	0.003605	0.000104	1.825	0.016548	0.998195
0.375	0.007428	0.000237	1.850	0.013297	0.998567
0.400	0.014188	0.000500	1.875	0.010652	0.998865
0.425	0.025357	0.000983	1.900	0.008507	0.999104
0.450	0.042723	0.001819	1.925	0.006774	0.999294
0.475	0.068298	0.003187	1.950	0.005379	0.999445
0.500	0.104154	0.005320	1.975	0.004259	0.999565
0.525	0.152217	0.008497	2.000	0.003363	0.999660
0.550	0.214036	0.013045	2.025	0.002649	0.999735
0.575	0.290564	0.019322	2.050	0.002081	0.999794
0.600	0.381969	0.027698	2.075	0.001630	0.999840
0.625	0.487511	0.038538	2.100	0.001274	0.999876
0.650	0.605506	0.052177	2.125	0.000994	0.999904
0.675	0.733370	0.068896	2.150	0.000773	0.999926
0.700	0.867747	0.088900	2.175	0.000600	0.999943
0.725	1.004708	0.112305	2.200	0.000464	0.999956
0.750	1.139994	0.139122	2.225	0.000359	0.999967
0.775	1.269281	0.169254	2.250	0.000277	0.999975
0.800	1.388436	0.202501	2.275	0.000213	0.999981
0.825	1.493760	0.238561	2.300	0.000163	0.999985
0.850	1.582169	0.277048	2.325	0.000125	0.999989
0.875	1.651337	0.317509	2.350	0.000096	0.999992
0.900	1.699765	0.359442	2.375	0.000073	0.999994
0.925	1.726804	0.402318	2.400	0.000056	0.999995
0.950	1.732617	0.445605	2.425	0.000042	0.999997
0.975	1.718095	0.488780	2.450	0.000032	0.999998
1.000	1.684753	0.531353	2.475	0.000024	0.999998
1.025	1.634591	0.572877	2.500	0.000018	0.999999
1.050	1.569963	0.612961	2.525	0.000014	0.999999
1.075	1.493422	0.651276	2.550	0.000010	0.999999
1.100	1.407608	0.687555			
1.125	1.315124	0.721601			
1.150	1.218442	0.753276			
1.175	1.119831	0.782507			
1.200	1.021310	0.809269			
1.225	0.924607	0.833587			
1.250	0.831154	0.855526			
1.275	0.742082	0.875182			
1.300	0.658239	0.892674			
1.325	0.580208	0.908142			
1.350	0.508341	0.921736			
1.375	0.442787	0.933612			
1.400	0.383524	0.943928			
1.425	0.330397	0.952839			
1.450	0.283144	0.960496			
1.475	0.241426	0.967042			
1.500	0.204851	0.972611			
1.525	0.172998	0.977324			
1.550	0.145432	0.981296			
1.575	0.121719	0.984623			
1.600	0.101437	0.987411			
1.625	0.084184	0.989725			
1.650	0.069585	0.991642			
1.675	0.057294	0.993224			

k = 19

at	h(at)	H(at)
0.250	0.000039	0.000001
0.275	0.000135	0.000003
0.300	0.000401	0.000009
0.325	0.001052	0.000026
0.350	0.002484	0.000068
0.375	0.005348	0.000162
0.400	0.010627	0.000355
0.425	0.019681	0.000725
0.450	0.034244	0.001385
0.475	0.056358	0.002500
0.500	0.088235	0.004284
0.525	0.132056	0.007011
0.550	0.189727	0.011003
0.575	0.262622	0.016624
0.600	0.351352	0.024266
0.625	0.455586	0.034322
0.650	0.573959	0.047163
0.675	0.704075	0.063118
0.700	0.842608	0.082438
0.725	0.985497	0.105284
0.750	1.128194	0.131711
0.775	1.265965	0.161653
0.800	1.394187	0.194929
0.825	1.508629	0.231247
0.850	1.605692	0.270216
0.875	1.682584	0.311364
0.900	1.737429	0.354161
0.925	1.769307	0.398043
0.950	1.778226	0.442435
0.975	1.765043	0.486770
1.000	1.731340	0.530516
1.025	1.679276	0.573184
1.050	1.611425	0.614348
1.075	1.530612	0.653647
1.100	1.439764	0.690795
1.125	1.341772	0.725576
1.150	1.239380	0.757847
1.175	1.135103	0.787529
1.200	1.031160	0.814605
1.225	0.929445	0.839106
1.250	0.831504	0.861109
1.275	0.738546	0.880723
1.300	0.651456	0.898085
1.325	0.570821	0.913349
1.350	0.496973	0.926682
1.375	0.430015	0.938255
1.400	0.369870	0.948240
1.425	0.316317	0.956804
1.450	0.269023	0.964108
1.475	0.227579	0.970304
1.500	0.191526	0.975532
1.525	0.160381	0.979921
1.550	0.133652	0.983580
1.575	0.110858	0.986636
1.600	0.091535	0.989163
1.625	0.075248	0.991238
1.650	0.061597	0.992944
1.675	0.050214	0.994337
1.700	0.040771	0.995471
1.725	0.032975	0.996389
1.750	0.026569	0.997131
1.775	0.021329	0.997728
1.800	0.017061	0.998206
1.825	0.013600	0.998587
1.850	0.010805	0.998891
1.875	0.008556	0.999132
1.900	0.006753	0.999323
1.925	0.005314	0.999473
1.950	0.004169	0.999591
1.975	0.003261	0.999683
2.000	0.002543	0.999755
2.025	0.001978	0.999812
2.050	0.001534	0.999855
2.075	0.001186	0.999889
2.100	0.000915	0.999915
2.125	0.000704	0.999935
2.150	0.000541	0.999951
2.175	0.000414	0.999963
2.200	0.000316	0.999972
2.225	0.000241	0.999979
2.250	0.000183	0.999984
2.275	0.000139	0.999988
2.300	0.000105	0.999991
2.325	0.000080	0.999993
2.350	0.000060	0.999995
2.375	0.000045	0.999996
2.400	0.000034	0.999997
2.425	0.000025	0.999998
2.450	0.000019	0.999999
2.475	0.000014	0.999999
2.500	0.000011	0.999999

k = 20

at	h(at)	H(at)
0.250	0.000021	0.000000
0.275	0.000078	0.000001
0.300	0.000248	0.000005
0.325	0.000689	0.000016
0.350	0.001709	0.000044
0.375	0.003845	0.000111
0.400	0.007949	0.000253
0.425	0.015254	0.000535
0.450	0.027409	0.001056
0.475	0.046439	0.001962
0.500	0.074643	0.003454
0.525	0.114404	0.005791
0.550	0.167941	0.009289
0.575	0.237033	0.014318
0.600	0.322735	0.021280
0.625	0.425153	0.030594
0.650	0.543289	0.042669
0.675	0.674997	0.057872
0.700	0.817044	0.076505
0.725	0.965290	0.098776
0.750	1.114942	0.124781
0.775	1.260879	0.154492
0.800	1.397988	0.187752
0.825	1.521499	0.224278
0.850	1.627268	0.263678
0.875	1.712006	0.305466
0.900	1.773424	0.349084
0.925	1.810300	0.393932
0.950	1.822464	0.439393
0.975	1.810718	0.484856
1.000	1.776708	0.529743
1.025	1.722750	0.573525
1.050	1.651652	0.615738
1.075	1.566518	0.655991
1.100	1.470579	0.693973
1.125	1.367030	0.729456
1.150	1.258902	0.762287
1.175	1.148961	0.792386
1.200	1.039638	0.819740
1.225	0.932990	0.844390
1.250	0.830681	0.866426
1.275	0.733990	0.885971
1.300	0.643833	0.903180
1.325	0.560795	0.918222
1.350	0.485173	0.931281
1.375	0.417022	0.942543
1.400	0.356200	0.952194
1.425	0.302410	0.960412
1.450	0.255246	0.967369
1.475	0.214224	0.973225
1.500	0.178816	0.978127
1.525	0.148474	0.982208
1.550	0.122653	0.985589
1.575	0.100823	0.988374
1.600	0.082483	0.990659
1.625	0.067166	0.992524
1.650	0.054448	0.994039
1.675	0.043946	0.995265
1.700	0.035320	0.996252
1.725	0.028271	0.997044
1.750	0.022538	0.997676
1.775	0.017899	0.998180
1.800	0.014161	0.998579
1.825	0.011162	0.998894
1.850	0.008767	0.999142
1.875	0.006863	0.999336
1.900	0.005353	0.999488
1.925	0.004162	0.999607
1.950	0.003226	0.999698
1.975	0.002493	0.999770
2.000	0.001920	0.999824
2.025	0.001475	0.999867
2.050	0.001129	0.999899
2.075	0.000862	0.999924
2.100	0.000657	0.999943
2.125	0.000499	0.999957
2.150	0.000378	0.999968
2.175	0.000285	0.999976
2.200	0.000215	0.999982
2.225	0.000162	0.999987
2.250	0.000121	0.999990
2.275	0.000091	0.999993
2.300	0.000068	0.999995
2.325	0.000050	0.999996
2.350	0.000037	0.999998
2.375	0.000028	0.999998
2.400	0.000021	0.999999
2.425	0.000015	0.999999
2.450	0.000011	1.000000

k = 21

at	h(at)	H(at)
0.250	0.000011	0.000000
0.275	0.000046	0.000001
0.300	0.000154	0.000003
0.325	0.000451	0.000010
0.350	0.001174	0.000029
0.375	0.002761	0.000076
0.400	0.005938	0.000180
0.425	0.011808	0.000395
0.450	0.021910	0.000806
0.475	0.038218	0.001542
0.500	0.063065	0.002788
0.525	0.098985	0.004788
0.550	0.148468	0.007850
0.575	0.213664	0.012342
0.600	0.296070	0.018677
0.625	0.396247	0.027294
0.650	0.513603	0.038633
0.675	0.646296	0.053102
0.700	0.791247	0.071050
0.725	0.944294	0.092733
0.750	1.100443	0.118291
0.775	1.254215	0.147735
0.800	1.400316	0.180935
0.825	1.532525	0.217625
0.850	1.647034	0.257411
0.875	1.739724	0.299794
0.900	1.807861	0.344192
0.925	1.849886	0.389969
0.950	1.865425	0.436466
0.975	1.855212	0.483026
1.000	1.820944	0.529026
1.025	1.765100	0.573893
1.050	1.690727	0.617126
1.075	1.601224	0.658303
1.100	1.500140	0.697091
1.125	1.390991	0.733243
1.150	1.277103	0.766601
1.175	1.161507	0.797084
1.200	1.046851	0.824604
1.225	0.935356	0.849453
1.250	0.828803	0.871493
1.275	0.728535	0.890946
1.300	0.635490	0.907980
1.325	0.550243	0.922785
1.350	0.473351	0.935559
1.375	0.403908	0.946505
1.400	0.342597	0.955820
1.425	0.288746	0.963697
1.450	0.241866	0.970316
1.475	0.201396	0.975844
1.500	0.166736	0.980434
1.525	0.137277	0.984224
1.550	0.112417	0.987336
1.575	0.091580	0.989878
1.600	0.074231	0.991944
1.625	0.059876	0.993615
1.650	0.048068	0.994959
1.675	0.038412	0.996036
1.700	0.033560	0.996895

at	h(at)	H(at)
1.725	0.024207	0.997576
1.750	0.019095	0.998115
1.775	0.015001	0.998540
1.800	0.011738	0.998872
1.825	0.009150	0.999132
1.850	0.007105	0.999334
1.875	0.005497	0.999491
1.900	0.004238	0.999612
1.925	0.003256	0.999705
1.950	0.002494	0.999777
1.975	0.001903	0.999831
2.000	0.001448	0.999873
2.025	0.001098	0.999905
2.050	0.000830	0.999928
2.075	0.000626	0.999947
2.100	0.000470	0.999960
2.125	0.000353	0.999970
2.150	0.000264	0.999978
2.175	0.000196	0.999984
2.200	0.000146	0.999988
2.225	0.000108	0.999991
2.250	0.000080	0.999993
2.275	0.000059	0.999995
2.300	0.000044	0.999996
2.325	0.000032	0.999997
2.350	0.000023	0.999998
2.375	0.000017	0.999999
2.400	0.000012	0.999999

k = 22

at	h(at)	H(at)
0.275	0.000027	0.000000
0.300	0.000095	0.000002
0.325	0.000295	0.000006
0.350	0.000806	0.000019
0.375	0.001983	0.000052
0.400	0.004439	0.000129
0.425	0.009130	0.000292
0.450	0.017495	0.000616
0.475	0.031415	0.001213
0.500	0.053221	0.002252
0.525	0.085546	0.003962
0.550	0.131102	0.006640
0.575	0.192378	0.010648
0.600	0.271297	0.016406
0.625	0.368881	0.024369
0.650	0.484981	0.035004
0.675	0.618104	0.048760
0.700	0.765384	0.066028
0.725	0.922692	0.087113
0.750	1.084884	0.112203
0.775	1.246150	0.141353
0.800	1.400432	0.174453
0.825	1.541855	0.211264
0.850	1.665122	0.251394
0.875	1.765858	0.294332
0.900	1.840846	0.339472
0.925	1.888163	0.386143
0.950	1.907202	0.433644
0.975	1.898611	0.481273
1.000	1.864133	0.528359
1.025	1.806410	0.574286
1.050	1.728735	0.618513
1.075	1.634816	0.660587
1.100	1.528536	0.700150
1.125	1.413743	0.736943
1.150	1.294077	0.770797
1.175	1.172840	0.801634
1.200	1.052901	0.829450
1.225	0.936651	0.854309
1.250	0.825977	0.876329
1.275	0.722287	0.895667
1.300	0.626533	0.912510
1.325	0.539269	0.927064
1.350	0.460701	0.939546
1.375	0.390755	0.950171
1.400	0.329136	0.959153
1.425	0.275383	0.966693
1.450	0.228923	0.972983
1.475	0.189118	0.978195
1.500	0.155294	0.982488
1.525	0.126778	0.986004
1.550	0.102915	0.988866
1.575	0.083089	0.991183
1.600	0.066728	0.993049
1.625	0.053315	0.994544
1.650	0.042387	0.995736
1.675	0.033536	0.996681
1.700	0.026410	0.997427
1.725	0.020704	0.998013
1.750	0.016159	0.998472
1.775	0.012558	0.998829
1.800	0.009719	0.999106
1.825	0.007491	0.999320
1.850	0.005751	0.999485
1.875	0.004399	0.999611
1.900	0.003352	0.999707
1.925	0.002545	0.999780
1.950	0.001925	0.999836
1.975	0.001451	0.999878
2.000	0.001091	0.999909
2.025	0.000817	0.999933
2.050	0.000610	0.999951
2.075	0.000454	0.999964
2.100	0.000337	0.999974
2.125	0.000249	0.999981
2.150	0.000184	0.999986
2.175	0.000135	0.999990
2.200	0.000099	0.999993
2.225	0.000072	0.999995
2.250	0.000053	0.999997
2.275	0.000038	0.999998
2.300	0.000028	0.999999
2.325	0.000020	0.999999
2.350	0.000015	1.000000
2.375	0.000011	1.000000

k = 23

at	h(at)	H(at)
0.275	0.000015	0.000000
0.300	0.000059	0.000001
0.325	0.000192	0.000004
0.350	0.000553	0.000013
0.375	0.001419	0.000036
0.400	0.003302	0.000092
0.425	0.007052	0.000216
0.450	0.013954	0.000471
0.475	0.025797	0.000955
0.500	0.044867	0.001821
0.525	0.073854	0.003281
0.550	0.115645	0.005620
0.575	0.173030	0.009193
0.600	0.248335	0.014421
0.625	0.343045	0.021772
0.650	0.457473	0.031738
0.675	0.590520	0.044801
0.700	0.739587	0.061398
0.725	0.900636	0.081881
0.750	1.068419	0.106486
0.775	1.236836	0.135307
0.800	1.399378	0.168279
0.825	1.549612	0.205173
0.850	1.681640	0.245607
0.875	1.790501	0.289062
0.900	1.872464	0.334908
0.925	1.925206	0.382441
0.950	1.947866	0.430917
0.975	1.940983	0.479588
1.000	1.906342	0.527735
1.025	1.846744	0.574697
1.050	1.765740	0.619893
1.075	1.667359	0.662839
1.100	1.555832	0.703152
1.125	1.435357	0.740556
1.150	1.309899	0.774878
1.175	1.183039	0.806039
1.200	1.057874	0.834044
1.225	0.936960	0.858969
1.250	0.822296	0.880945
1.275	0.715340	0.900148
1.300	0.617054	0.916784
1.325	0.527958	0.931077
1.350	0.448202	0.943260
1.375	0.377634	0.953564
1.400	0.315871	0.962215
1.425	0.262361	0.969426
1.450	0.216446	0.975396
1.475	0.177402	0.980306
1.500	0.144485	0.984317
1.525	0.116959	0.987575
1.550	0.094118	0.990204
1.575	0.075306	0.992314
1.600	0.059921	0.993998
1.625	0.047423	0.995334
1.650	0.037338	0.996389
1.675	0.029249	0.997218
1.700	0.022800	0.997865
1.725	0.017689	0.998369
1.750	0.013660	0.998759
1.775	0.010502	0.999059
1.800	0.008039	0.999290
1.825	0.006127	0.999466
1.850	0.004651	0.999600
1.875	0.003516	0.999701
1.900	0.002648	0.999778
1.925	0.001986	0.999835
1.950	0.001485	0.999878
1.975	0.001106	0.999911
2.000	0.000821	0.999934
2.025	0.000607	0.999952
2.050	0.000447	0.999965
2.075	0.000329	0.999975
2.100	0.000241	0.999982
2.125	0.000176	0.999987
2.150	0.000128	0.999991
2.175	0.000093	0.999994
2.200	0.000067	0.999996
2.225	0.000048	0.999997
2.250	0.000035	0.999998
2.275	0.000025	0.999999
2.300	0.000018	0.999999
2.325	0.000013	1.000000

k = 24

at	h(at)	H(at)
0.300	0.000036	0.000001
0.325	0.000125	0.000002
0.350	0.000378	0.000008
0.375	0.001015	0.000025
0.400	0.002459	0.000066
0.425	0.005441	0.000160
0.450	0.011119	0.000360
0.475	0.021163	0.000752
0.500	0.037788	0.001473
0.525	0.063698	0.002719
0.550	0.101913	0.004760
0.575	0.155479	0.007943
0.600	0.227098	0.012685
0.625	0.318712	0.019465
0.650	0.431111	0.028794
0.675	0.563627	0.041188
0.700	0.713975	0.057125
0.725	0.878265	0.077004
0.750	1.051197	0.101110
0.775	1.226415	0.129583
0.800	1.396983	0.162392
0.825	1.555914	0.199335
0.850	1.696694	0.240036
0.875	1.813748	0.283971
0.900	1.902799	0.330490
0.925	1.961093	0.378854
0.950	1.987488	0.428278
0.975	1.982400	0.477966
1.000	1.947638	0.527151
1.025	1.886169	0.575125
1.050	1.801810	0.621268
1.075	1.698920	0.665061
1.100	1.582097	0.706098
1.125	1.455905	0.744088
1.150	1.324642	0.778851
1.175	1.192182	0.810313
1.200	1.061851	0.838478
1.225	0.936371	0.863443
1.250	0.817847	0.885355
1.275	0.707781	0.904406
1.300	0.607135	0.920822
1.325	0.516389	0.934846
1.350	0.435624	0.946725
1.375	0.364603	0.956708
1.400	0.302849	0.965032
1.425	0.249716	0.971922
1.450	0.204453	0.977584
1.475	0.166253	0.982204
1.500	0.134299	0.985949
1.525	0.137797	0.988964
1.550	0.085991	0.991377
1.575	0.068186	0.993297
1.600	0.053756	0.994815
1.625	0.042142	0.996038
1.650	0.032858	0.996941
1.675	0.025485	0.997667
1.700	0.019665	0.998229
1.725	0.015099	0.998661
1.750	0.011537	0.998992
1.775	0.008774	0.999244
1.800	0.006642	0.999436
1.825	0.005006	0.999580
1.850	0.003757	0.999689
1.875	0.002808	0.999771
1.900	0.002090	0.999832
1.925	0.001549	0.999877
1.950	0.001144	0.999910
1.975	0.000842	0.999935
2.000	0.000617	0.999953
2.025	0.000450	0.999966
2.050	0.000328	0.999976
2.075	0.000238	0.999983
2.100	0.000172	0.999988
2.125	0.000124	0.999992
2.150	0.000089	0.999994
2.175	0.000064	0.999996
2.200	0.000045	0.999997
2.225	0.000032	0.999998
2.250	0.000023	0.999999
2.275	0.000016	1.000000
2.300	0.000011	1.000000

k = 25

at	h(at)	H(at)
0.300	0.000022	0.000000
0.325	0.000082	0.000002
0.350	0.000259	0.000005
0.375	0.000726	0.000017
0.400	0.001829	0.000047
0.425	0.004195	0.000119
0.450	0.008853	0.000276
0.475	0.017346	0.000593
0.500	0.031798	0.001192
0.525	0.054891	0.002255
0.550	0.089733	0.004035
0.575	0.139585	0.006867
0.600	0.207495	0.011165
0.625	0.295845	0.017412
0.650	0.405911	0.026138
0.675	0.537485	0.037887
0.700	0.688644	0.053176
0.725	0.855697	0.072452
0.750	1.033342	0.096050
0.775	1.215012	0.124153
0.800	1.393366	0.156773
0.825	1.560869	0.193731
0.850	1.710377	0.234666
0.875	1.835680	0.279048
0.900	1.931923	0.326207
0.925	1.995893	0.375375
0.950	2.026134	0.425720
0.975	2.022918	0.476402
1.000	1.988078	0.526602
1.025	1.924741	0.575568
1.050	1.836998	0.622636
1.075	1.729555	0.667254
1.100	1.607392	0.708991
1.125	1.475447	0.747542
1.150	1.338373	0.782721
1.175	1.200339	0.814453
1.200	1.064905	0.842760
1.225	0.934960	0.867744
1.250	0.812706	0.889572
1.275	0.699686	0.908456
1.300	0.596850	0.924641
1.325	0.504629	0.938387
1.350	0.423026	0.949961
1.375	0.351712	0.959624
1.400	0.290110	0.967628
1.425	0.237472	0.974205
1.450	0.192064	0.979569
1.475	0.155667	0.983913
1.500	0.124722	0.987405
1.525	0.099265	0.990194
1.550	0.078496	0.992407
1.575	0.061686	0.994152
1.600	0.048183	0.995519
1.625	0.037417	0.996584
1.650	0.028891	0.997409
1.675	0.022186	0.998044
1.700	0.016946	0.998530
1.725	0.012876	0.998901
1.750	0.009735	0.999182
1.775	0.007324	0.999394
1.800	0.005484	0.999553
1.825	0.004087	0.999671
1.850	0.003032	0.999760
1.875	0.002240	0.999825
1.900	0.001648	0.999873
1.925	0.001207	0.999909
1.950	0.000881	0.999935
1.975	0.000640	0.999954
2.000	0.000463	0.999967
2.025	0.000334	0.999977
2.050	0.000240	0.999984
2.075	0.000172	0.999989
2.100	0.000123	0.999993
2.125	0.000087	0.999996
2.150	0.000062	0.999997
2.175	0.000044	0.999999
2.200	0.000031	1.000000
2.225	0.000022	1.000000
2.250	0.000015	1.000001
2.275	0.000011	1.000001

Forschungsberichte des Landes Nordrhein-Westfalen

Herausgegeben im Auftrage des Ministerpräsidenten Heinz Kühn
von Staatssekretär Professor Dr. h. c. Dr. E. h. Leo Brandt

Sachgruppenverzeichnis

Acetylen · Schweißtechnik

Acetylene · Welding gracitice
Acétylène · Technique du soudage
Acetileno · Técnica de la soldadura
Ацетилен и техника сварки

Arbeitswissenschaft

Labor science
Science du travail
Trabajo científico
Вопросы трудового процесса

Bau · Steine · Erden

Constructure · Construction material · Soil research
Construction · Matériaux de construction · Recherche souterraine
La construcción · Materiales de construcción
Reconocimiento del suelo
Строительство и строительные материалы

Bergbau

Mining
Exploitation des mines
Minería
Горное дело

Biologie

Biology
Biologie
Biologia
Биология

Chemie

Chemistry
Chimie
Quimica
Химия

Druck · Farbe · Papier · Photographie

Printing · Color · Paper · Photography
Imprimerie · Couleur · Papier · Photographie
Artes gráficas · Color · Papel · Fotografía
Типография · Краски · Бумага · Фотография

Eisenverarbeitende Industrie

Metal working industry
Industrie du fer
Industria del hierro
Металлообработывающая промышленность

Elektrotechnik · Optik

Electrotechnology · Optics
Electrotechnique · Optique
Electrotécnica · Optica
Электротехника и оптика

Energiewirtschaft

Power economy
Energie
Energia
Энергетическое хозяйство

Fahrzeugbau · Gasmotoren

Vehicle construction · Engines
Construction de véhicules · Moteurs
Construcción de vehículos · Motores
Производство транспортных · Средств

Fertigung

Fabrication
Fabrication
Fabricación
Производство

Funktechnik · Astronomie

Radio engineering · Astronomy
Radiotechnique Astronomie
Radiotécnica · Astronomía
Радиотехника и астрономия